电子信息科学与工程类专业系列教材

仿人机器人实训教程

陈小桥　胡明宇　刘裕诗　主编

电子工业出版社

Publishing House of Electronics Industry

北京·BEIJING

内 容 简 介

本书旨在培养学生分析和解决复杂问题能力、动手实践能力、空间感知能力、数理逻辑、想象力和创造力等。本书主要以 NAO 机器人为例，介绍仿人机器人的发展史、理论基础和编程方法，总结仿人机器人实践教学和竞赛培训经验，梳理丰富的实训案例。本书以图形化编程为开端，引入 Python 编程，提供大量的代码示例，对仿人机器人进行深入解析，具有层次性，可引导编程零基础或机器人零基础的学生了解仿人机器人的基本理论和技术，迅速入门并掌握仿人机器人的编程技能，动手实现各种人机交互案例。

本书是一本基于仿人机器人应用设计的实践类、跨学科教材，结构新颖合理，案例丰富翔实、深入浅出，对学生具有指导意义，不仅可作为高等学校人工智能、计算机、电子信息、动力与机械等相关专业的实训教程和参考书，也可供相关的工程技术人员参考。

图书在版编目（CIP）数据

仿人机器人实训教程 / 陈小桥，胡明宇，刘裕诗主编 . —北京：电子工业出版社，2021.8

ISBN 978-7-121-41579-1

Ⅰ. ①仿… Ⅱ. ①陈… ②胡… ③刘… Ⅲ. ①仿人智能控制－智能机器人－高等学校－教材

Ⅳ. ①TP242.6

中国版本图书馆 CIP 数据核字（2021）第 138375 号

责任编辑：赵玉山　　　　　特约编辑：田学清
印　　刷：北京天宇星印刷厂
装　　订：北京天宇星印刷厂
出版发行：电子工业出版社
　　　　　北京市海淀区万寿路 173 信箱　　　　邮编：100036
开　　本：787×1092　　1/16　　印张：12.75　　字数：326 千字
版　　次：2021 年 8 月第 1 版
印　　次：2025 年 1 月第 3 次印刷
定　　价：45.00 元

凡所购买电子工业出版社图书有缺损问题，请向购买书店调换。若书店售缺，请与本社发行部联系，联系及邮购电话：(010) 88254888，88258888。

质量投诉请发邮件至 zlts@phei.com.cn，盗版侵权举报请发邮件至 dbqq@phei.com.cn。

本书咨询联系方式：zhaoys@phei.com.cn。

前　言

在移动互联网、大数据、超级计算、传感网、脑科学等新理论、新技术及经济社会发展的强烈需求的驱动下，衍生了不同的机器人研究方向，机器人技术的纵向深度不断扩展，分化出各种机器人类型，包括工业机器人、服务机器人、特种机器人等。其中，仿人机器人不仅外形与人类相似，具有手部、腿部、足部、头部和躯干等，其行为设计也仿照人类的动作，可以在恶劣的工作环境下代替人类作业。因此，仿人机器人在医疗、护理、家庭服务、生物技术、娱乐、教育、救灾等领域有巨大的应用前景。仿人机器人技术集机械、电子、计算机、材料、传感器、控制技术、人工智能、仿生学等多种学科和技术于一体，是目前科技发展最前沿、最活跃的方向之一。如何面向各学科学生开展普及教育和实践培训，进而培养高素质的机器人学科人才，成为各高校人才培养的重点之一。

本书编者长期工作在教学一线，在仿人机器人实践教学和竞赛培训等方面积累了丰富的经验，多年的实践教学经验和目前高校加强创新创业教育、提高学生创新精神和工程实践能力的热潮是完成本书的根本动力。本书主要以 NAO 机器人为例，介绍仿人机器人的发展史、理论基础和编程方法，总结仿人机器人的实践教学和竞赛培训经验，梳理丰富的实训案例。本书以图形化编程为开端，引入 Python 编程，提供大量的代码示例，对仿人机器人进行深入解析，具有层次性，可引导编程零基础或机器人零基础的学生了解仿人机器人的基本理论和技术，迅速入门并掌握仿人机器人的编程技能。本书是一本基于仿人机器人应用设计的实践类、跨学科教材，结构新颖合理，案例丰富翔实、深入浅出，对学生具有指导意义，不仅可作为高等学校人工智能、计算机、电子信息、动力与机械等相关专业的实训教程和参考书，也可供相关工程技术人员参考。

本书从基础理论出发，以各类入门实训案例为主线，适合作为低年级学生的入门教材，激发学生对机器人技术的兴趣和热情。本书的目的是培养学生分析和解决复杂问题能力、动手实践能力、空间感知能力、数理逻辑、想象力和创造力等，促进学科的交叉融合，进而推进高校机器人技术的普及和实践教学的改革。

在本书编辑过程中得到了武汉大学大学生工程训练中心的老师们及武汉京天电器有限公司的同仁们的大力支持和帮助，他们不仅提供了良好的案例，还提供了许多宝贵的意见和建议。感谢陈睿、桂飖、尚云飞、周硕等同仁的大力支持，感谢程志钦、郭平伟等同学的无私奉献和参与。由于编写时间仓促，书中难免有不妥之处，您对本书有任何的意见或建议，抑或您对本书中的某些内容或章节有兴趣，不妨告诉我们，不胜感激。

陈小桥、胡明宇、刘裕诗
2021 年 5 月于武汉珞珈山

目　　录

第1章 仿人机器人概述

1.1 机器人理论基础

机器人是一个集行为控制、任务执行、环境感知、动态决策与规划等功能于一体的综合系统平台。机器人技术集机械、电子、计算机、材料、传感器、控制技术、人工智能、仿生学等学科和技术于一体，是目前科技发展最前沿、最活跃的方向之一，也是未来新兴产业发展的基础之一。机器人技术的发展标志着国家的高科技发展水平，体现了国家工业自动化程度。

1921 年，捷克斯洛伐克作家 Karel Capek 在剧本 *Rossum′s Universal Robots* 中第一次提出 "Robot" 一词，中文译作 "机器人"。1950 年 Asimov 在科幻小说 *I, Robot* 中提出了著名的 "机器人学三定律"——①机器人不得伤害人，也不得见人受到伤害而袖手旁观；②机器人应服从人的一切命令，但不得违反第一定律；③机器人应保护自身的安全，但不得违反第一、第二定律。"机器人学三定律" 得到了广泛认可。1979 年，美国机器人协会将机器人定义为：一种可编程和多功能的，用来搬运材料、零件、工具的操作机器；或是为了执行不同的任务而具有可改变编程动作的专门系统。该定义逐渐受到国际社会认同，并被联合国标准化组织采纳。

实体机器人起源于遥控操作器和数控机床。在第二次世界大战期间，美国橡树岭国家实验室研制出遥控式主从机械手（连杆机构）来搬运放射性核原料。1949 年，由于新兴飞机的研制需要零件加工，美国空军开始研制数控铣床。1953 年，美国麻省理工学院将伺服技术与数字技术相结合，研制出数控铣床，促进了数控技术的发展，为机器人的控制做好了技术准备。1959 年，美国的英格伯格和德沃尔借助伺服技术控制机器人的关节，研制出世界上第一台工业机器人，随后，创立了世界上第一家机器人制造工厂——Unimation 公司，机器人正式走上了历史舞台。

从第一台工业机器人诞生至今，机器人技术的发展大致分为 3 个阶段。20 世纪 60 年代，工业机器人向实用化发展，逐渐进入成长期，这个时期的机器人主要是可编程示教型机器人。通过人工引导机器人末端执行器，或使用示教控制盒发出指令，让机器人逐步完成预期动作，通过机器人自身记忆，不断重复示教动作。20 世纪 70 年代，机器人商品多样化，机器人进入实用化时代，出现了具有一定感知能力和自适应能力的离线编程机器人，可以通过知觉感知作业对象的状态，从而判断并改变作业内容。20 世纪 80 年代中后期，智能机器人迅速发展，这种机器人带有多种传感器，能将传感器采集的信息进行融合，并有效适应变化的环境，具有感知能力、学习能力和决策能力，智能化水平不断提升。

随着计算机技术、信息技术、网络技术等新科技的发展，机器人的应用从传统的工业制造领域向教育娱乐、医疗服务、救灾救援、生物仿生、军事战争、航空航天等领域迅速扩展。为适应不同领域的需求，机器人在不同方向被深入研究和开发，机器人技术的纵向深度不断扩展，分化出几种典型的机器人类型，包括工业机器人、移动机器人、医疗康复机器人等。其中，移动机器人又分为轮式机器人、履带式机器人、腿足式移动机人、仿人机器人、外星探索机器人、水下机器人、飞行机器人等。仿人机器人作为一种智能机器人，具有移动、操作、感知、记忆及自治功能，能够实现人机交互。它具有腿部、手部、腰部和头部的运动功能，自由度一般在 20 个以上，比其他类型机器人的自由度成倍增加。同时，在科研上出现了动力学、运动学、仿生学、路径规划、多机协同、机器视觉等更为复杂的问题，尤其是图像处理、语音处理等一系列传感信号的处理。

机器人学有 4 个核心部分：**感知、认知、行为控制、数学基础**，如图 1.1 所示。

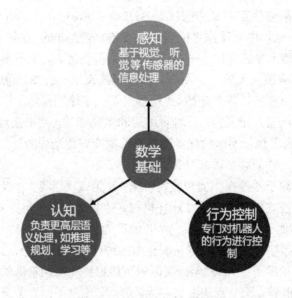

图 1.1　机器人学核心部分

感知部分：通过视觉、听觉等传感器接收信息的过程，使机器人感知它的物理环境，了解自身的状态。使用的传感器主要包括视觉传感器、图像传感器、红外传感器、超声波传感器、距离传感器、接近觉传感器、触觉传感器等。

认知部分：负责更高层的语义处理，如推理、规划、学习等，即通过分析处理感知部分的传感数据，根据情境做出相应决策。常用的认知技术包括机器学习、计算机视觉、神经网络、自然语言处理等。

行为控制部分：通过控制机器人的效应器和执行器来控制机器人的行为，涉及运动学、动力学、轨迹规划和路径规划等。

数学基础部分：涉及线性代数、概率论、最优估计、微分几何、计算几何、运筹学等。

1.2　仿人机器人发展史

仿人机器人的研制始于 20 世纪 60 年代末,至今已有五十余年的历史。仿人机器人技术发展迅速,应用领域广泛,吸引国内外众多学者纷纷投身其中,已成为机器人技术领域的热门研究方向之一。研制仿人机器人面临的挑战在于机器人需要类似于人类的外表,并具备同人类一样的工作、活动能力,其技术关键在于稳定快速的行走机构,步态是行走机构的一个重要参数,也是确保行走机构稳定运行的重要因素。仿人机器人的步态模式分为静态步行、准动态步行和动态步行。静态步行模式是指机器人的质心在地面上的投影始终不超越支撑多边形的范围;动态步行模式是指机器人的质心在地面上的投影在某一时刻可以超越支撑多边形的范围。研究表明,动态步行时关节驱动力矩较静态步行时小,有利于提升仿人机器人的步行速度,实现更加复杂的功能,但其稳定性较难掌握。步态规划是衡量仿人机器人技术水平的重要因素,也是当前的研究热点方向,不仅要考虑地面条件、下肢结构和控制方式,而且要满足运动平稳性、速度、机动性和功率等要求。

1.2.1　国外仿人机器人发展史

国际上最早研究仿人机器人的国家是美国和日本,两国在仿人机器人研究领域一直处于世界前列,只是研究的侧重点不同,日本侧重于外形仿真的研究,美国侧重于用计算机模拟人脑的研究。

1968 年,美国通用电气公司研制了一台操纵式关节型二足步行机构,是世界上第一台仿人步行机构,由此拉开了仿人机器人研究的序幕。

1968 年,日本早稻田大学加藤一郎教授在日本开展双足机器人的研制工作,并于1969 年研制出 WAP-1 平面自由度步行机,这是真正意义上的第一台仿人机器人,加藤一郎也因此被称为仿人机器人之父。WAP-1 具有 6 个自由度,每条腿上有髋、膝和踝 3 个关节,使用人造橡胶作为机器人的肌肉,驱动方式为气动,通过注气、排气引起肌肉收缩,牵引关节转动。1971 年,加藤一郎研制出 WL-5 双足机器人,具有 11 个自由度,采用液压驱动,可以实现步幅 15cm、每步 45s 的静态步行。1973 年,加藤一郎将 WL-5 升级为自主式机器人 WABOT-1,加装了机械手及人工视觉、听觉装置,这是世界上第一台具有人机交互功能的仿人型机器人,如图 1.2 所示。WABOT-1 拥有语音系统,可用日语交流,实现静态行走,并可根据控制命令移动或抓取物体。1980 年,加藤实验室继续推出WL-9DR 双足机器人,采用预先设计步行运动方式的程序控制方法,设计步态轨迹控制机器人的步行运动。该机器人采用单脚支撑期为静态、双脚切换期为动态的准动态步行方案,实现了步幅 45cm、每步 9s 的准动态步行。1984 年,改进步行方案,使用踝关节力矩,推出了 WL-10RD 双足机器人,最终实现了步幅 40cm、每步 1.5s 的平稳动态步行。1986 年,WL-12 步行机器人研发成功,采用躯体运动补偿下肢任意运动的方案,在躯体平衡条件下，可实现步行周期 1.3s、步幅 30cm 的平地动态步行。

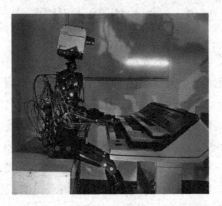

图 1.2   WOBOT-1

    1996 年，日本 HONDA 公司推出了世界上第一台人性化自主双腿步行机器人——P2 仿人机器人（见图 1.3），通过在体内安装电机驱动装置、电池、无线接收装置、计算机等部件，实现了无线操作，它能够完成自主步行、上下楼梯、推车等具有一定难度的动作。1997 年，HONDA 公司推出了 P3 仿人机器人，采用分散控制技术成功将其小型化、轻量化。在这些技术的积累下，HONDA 公司于 2004 年推出了新一代机器人——ASIMO（见图 1.4），它首次运用了双足步行的原理，根据直线的静态步行来移动，成功实现两腿交替自主持续行走，是世界上首款遥控式双足直立行走机器人，能够前进、后退、顺畅转身、爬楼梯。近年来，日本科研人员通过引进智能实时自在步行技术，使得 ASIMO 机器人可以更加自由地步行，完成转换方向时的连续动作，以处理突发动作的稳定性。在地面反作用力、目标零力矩点、着地位置等双足步行技术的基础上，增加了对预测运动的控制，它可以实时预测下一个动作，并且预先移动机器人的重心来改变步调。最新版的 ASIMO 机器人除具备行走功能与各种肢体动作外，还具备基本的记忆与辨识能力，智能化程度更高。

图 1.3   P2 仿人机器人   图 1.4   ASIMO

2000 年，索尼公司推出了娱乐型仿人机器人 SDR-3X，该机器人的行进速度达到 15m/min，可以进行较高速度的自律运动，能在保持身体平衡的同时挥手、转身并按照音乐节拍跳舞，另外还配备了图像识别、声音识别等功能。3 年后，索尼又推出了仿人机器人 QRIO，该机器人集科技与娱乐于一身，可以通过即时调整姿势来适应各种环境，进行唱歌、跳舞、踢足球等表演，并实现了世界上首次搭载控制和电源系统的跑动。

2010 年，日本大阪大学的机器人实验室以一位日本年轻女性为原型，研发了 GeminoidTMF 机器人。在 12 个控制器的作用下，它可同步模仿人类表情，外形极其逼真，能够完成点头、眨眼等动作，并进行简单交谈，具有了更好的视觉、听觉等识别能力，提高了机器人的自主性、智能性。

2000 年，法国自动化研究院和 Laboratoire de Mecanique des Solides 实验室共同研制了一款 BIP2000 双足机器人，采用了分层递阶控制结构策略，能够适应未知条件行走，实现了站立、上下斜坡、上下楼梯等功能。

美国 Ohio 大学于 1990 年提出使用神经网络算法实现双足机器人的动态步行，并研制出仿人机器人 SD-1。此外，他们还研究了机器人步行的两种学习方法：静态学习和动态学习。静态学习是指神经网络的学习发生在步行过程中的特定时刻；动态学习是指神经网络的学习在步行过程中持续进行。

美国 Boston 机器人公司推出两款比较著名的双足机器人 Atlas 和 Handle。Atlas 机器人的身高约 1.75m，体重约 82kg，在复杂的环境中，可以平稳地行走、跳跃。它由电力驱动，通过液压组件来控制行动，通过体内传感器在移动过程中保持平衡。同时，Atlas 机器人的头部有光学雷达和双目视觉传感器，能够帮助它躲避障碍物、判断地形并进行导航。Handle 机器人的主要应用场景是物流，它可以拎 13.6kg 左右的货物，下肢的自由度比 Atlas 机器人少。

1.2.2　国内仿人机器人发展史

我国仿人机器人发展起步较晚，于 20 世纪 80 年代中期开始对双足步行机器人的研究，相继有部分高校取得了一定的成果。哈尔滨工业大学、国防科技大学等高校研制出了双足步行机器人，北京航空航天大学、哈尔滨工业大学、北京科技大学研制出了多指灵巧手等。

1985—2000 年，哈尔滨工业大学先后研制出了双足步行机器人 HIT-Ⅰ、HIT-Ⅱ和 HIT-Ⅲ。HIT-Ⅲ实现了步幅 20cm 的静态、动态步行，最快步行周期为 3.2～4.0s，能实现前进、后退、左右转弯、上下台阶、上斜坡等动作。

1988—1995 年，国防科技大学研制出了六关节平面运动型双足步行机器人 KDW-Ⅰ，十关节、十二关节空间运动型机器人 KDW-Ⅱ和 KDW-Ⅲ，实现了前进、后退、左右转弯、上下台阶、上下斜坡和跨越障碍等人类的基本行走功能。经过 10 年的科技攻关，国防科技大学又研制出了我国第一台仿人型机器人"先行者"（见图 1.5），它可完成包括平地静态步行和动态步行在内的各种基本步态，实现了机器人技术的重大突破。

图 1.5　先行者

上海交通大学于 1979 年建立了机器人研究室，并于 1999 年研制出仿人机器人 SFHR。该机器人步行周期 3.5s、步长 10cm，同时，搭载了众多传感器，对于数据融合与算法验证是一个很好的平台。

北京理工大学于 2002 年研制出仿人机器人 BRH-1，并在此基础上研发了"汇童"机器人，它是一款兼具语音对话、力觉、视觉、平衡觉等功能的仿人机器人，在国际上首次实现了模仿太极拳、刀术等人类复杂动作，在仿人机器人的复杂动作设计与控制技术上取得了突破性进展。"汇童"的成功研制标志着，在仿人机器人的研制领域，我国成为第二个掌握集机构、控制、传感器、电源于一体的高度集成技术的国家。

2002 年，清华大学推出了仿人机器人 THBIP-Ⅰ样机，该样机能够实现稳定地平地行走、连续上下台阶行走、端水、太极拳、点头等动作，在仿人机器人机构学、动力学、步态规划、稳定行走理论、非完整动态系统控制理论与方法等方面取得了突破性进展。

20 世纪 80 年代末，北京航空航天大学机器人研究所开始了灵巧手的研究与开发，最初研制出来的功能简单的 BH-1 型灵巧手填补了当时国内在这方面的空白。随着技术的积淀，后续研发的灵巧手已能灵巧地抓持和操作不同材质、不同形状的物体。将它装配在机器人手臂上充当灵巧末端执行器可扩大机器人的作业范围和提高其作业精度，完成复杂的装配、搬运、医疗手术等操作。

1.3　仿人机器人应用现状

仿人机器人不仅外形与人类相似，具有手部、腿部、足部、头部和躯干等，而且行为设计也是仿照人类动作，可以在工作环境恶劣的情况下代替人类作业。因此，在医疗、护理、家庭服务、生物技术、娱乐、教育、救灾等领域有巨大的应用前景。

目前，仿人机器人可在商场、超市、餐厅等公共场合作为接待员、形象代言人、导购员和演员等。由日本 HONDA 公司发布的 ASIMO2011 机器人（见图 1.6）能够实现踢足球、打复杂手语、自动避障、多目标识别等复杂的人机交互功能。2014 年，美国总统奥巴马访问日本时，ASIMO2011 机器人在日本科学未来馆接待了奥巴马，并与之切磋球技。由西班牙 Pal Robotics 公司研发的 REEM 机器人（见图 1.7）被应用于购物中心、机场及其他人流量大的场所，利用胸部的大尺寸触摸屏显示地图、促销信息和航班信息，同时配有讲解功能，可以在复杂的环境中实现引导和避障功能，底盘设计有搬运行李功能。法国 Aldebaran Robotics 公司研制出 Pepper 机器人（见图 1.8），Pepper 机器人具有"人类情感"功能，可对人类的积极或消极情绪进行判断，并用表情、动作、语音与人类交流。2015 年 12 月，雀巢公司在日本家电卖场安置了 1000 台 Pepper 机器人作为导购员，寻找顾客并推销 Nespresso 咖啡机。该公司研制的另一款仿人机器人 NAO（见图 1.9）已成为全球各大高校的科研平台，众多高校使用 NAO 机器人在机器学习、信息融合、人机互动、音频处理、脑-机接口、自闭症、模式识别、人工智能、物联网、定位与导航等多个领域进行研究。

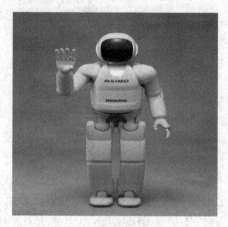

图 1.6 ASIMO2011 机器人

图 1.7 REEM 机器人

图 1.8 Pepper 机器人

图 1.9 NAO 机器人

　　仿人机器人在家庭服务和医疗领域也有广阔的应用前景,仿人机器人可以代替护士照看病人,提供送餐、送药、测量体温等服务。早稻田大学将 Twendy-One 机器人(见图 1.10)应用于家庭服务中,为老年人、残障人士等行动不便者提供取放物品、做简单家务、搀扶行动等服务,它采用串联弹性驱动器确保机器人在人机互动中的安全性和灵巧性。丰田公司发布的 Robina 机器人(见图 1.11)具有主动避障、语音控制、人机交互和握笔写字等功能,用于照顾老人和做家务等。在 2020 年疫情期间,Pepper 机器人用来检测患者体温并记录数据。在浙江嘉兴市的隔离点内,仿人机器人"小米"为疑似病人配送食物、口罩等物品。

图 1.10　Twendy-One 机器人

图 1.11　Robina 机器人

　　在特种服务领域,韩国科学技术院(KAIST)研制的 DRC-HUBO 机器人(见图 1.12)可执行核事故清理等相关任务,如驾车、拆卸、开门、使用标准电动工具在墙上切割孔洞、连接消防栓及旋转打开阀门等,并在 2015 年的美国国防部高级研究计划局(DARPA)机器人挑战赛中获得冠军。2006 年,美国航空航天局(NASA)与美国通用电气公司联合研制完成了空间服务机器人 Robonaut 1(R1),随后基于空间站的操作任务,将 R1 的四轮底盘改为 2 个机械臂,并命名为 Robonaut 2(R2),如图 1.13 所示。2011 年 2 月,R2 被送入空间站与宇航员并肩执行任务。

图 1.12　DRC-HUBO 机器人

图 1.13　Robonaut 2 机器人

仿人机器人在教育领域作为教学辅助和科研开发平台。2016 年，日本福岛县早稻田 Shoshi 高级中学引进了 Pepper 机器人帮助不擅长与他人沟通的学生学习英语和机器人技术。日本产业技术综合研究所与川田工业、安川电机联合研制了 HRP 系列机器人 HRP-2（见图 1.14）、HRP-3、HRP-4、HRP-4C，该系列机器人作为科研平台用于从软件开发到系统集成再到智能化控制等众多研究课题。Willow Garage 公司研制的 PR2 机器人（见图 1.15）已被全球 35 个科研机构购买用于科研，PR2 能够实现开门、自动找插座充电、叠衣服和做蛋糕。2004 年，意大利技术研究所（IIT）与 RobotCub Consortium 公司联合研制完成 iCub 机器人（见图 1.16），iCub 作为科研平台被用于开发人工智能，经过十几年的研究，实现了机器人从"听从命令"到"拥有自我意识"的跨越。iCub 机器人可以将虚拟的复杂行为和视觉、听觉反馈联系起来，当它输出行为时会预期到感官反馈，并通过学习来改善表现。

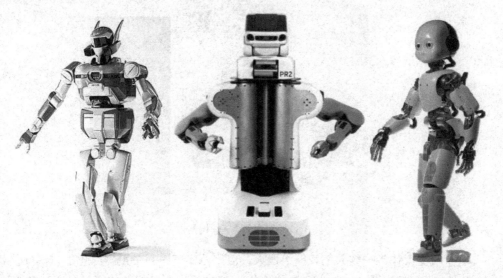

图 1.14 HRP-2 机器人   图 1.15 PR2 机器人   图 1.16 iCub 机器人

1.4 NAO 机器人概述

NAO 机器人是由法国 Aldebaran 公司设计的仿人机器人，具有 25 个自由度、100 多个传感器，支持 20 多种语言，支持远程控制，可实现完全编程，拥有与人类一样自然的肢体语言，能听、看、说、与人互动，也能进行 NAO 机器人间的互动，截至 2020 年最新一代的 NAO 机器人为第六代，如图 1.17 所示。

在硬件上，NAO 机器人配备了多种传感器、高性能电机和 Linux 内核嵌入式系统，使 NAO 机器人的运行程序更稳定、动作更流畅。NAO 机器人头部有 2 个摄像头、4 个麦克风和 3 个触摸传感器，胸部有 2 个超声波距离传感器和 1 个惯性传感单元（3 轴的加速度传感器和 3 轴的陀螺仪），手部有 2 个触觉传感器，脚部分别有 4 个压力传感器。

NAO 机器人具有一系列用于自我表达的组件：1 个语音合成器、1 个 LED 灯及 2 个高品质的扬声器。双核 CPU 运行机器人操作系统 NAOqi 并存储传感器收集到的各种数据。NAO 机器人装配 24V、1300mAh 的专用锂电池，可提供 1.5h 甚至更长的自主时间。在软件上，NAO 机器人使用的 Choregraphe 软件（用于连接 NAO 机器人并编写程序的软件）可在多种操作系统（Linux、Windows 或 Mac OS）下编程，软件操作简单，指令盒封装 Python 代码，图形化编程，可加入第三方库，并且提供 Python、C++、Java 的 SDK（Software Development Kit，软件开发工具包）。此外，NAO 机器人还可配置 ROS 的 SDK，基于 ROS 平台开发自己的应用程序。

图 1.17　第六代 NAO 机器人

　　NAO 机器人作为一款人工智能机器人，应用范围广。自 2008 年开始，NAO 机器人被机器人世界杯赛 RobotCup 组委会指定为 SPL 标准平台组的比赛平台。2010 年，NAO 机器人在上海世博会上表演同步舞蹈。2018 年，NAO 机器人在"女孩日"职业促进活动上与德国总理默克尔互动。

　　将机器人带入课堂教学中，增加课程的趣味性，吸引学生的注意力，延伸课程内容，激发学生的创造力与想象力。NAO 机器人系统稳定、功能强大、操作方便的特点使得 NAO 机器人在教育的舞台上大放光彩。目前，已经超过 10 000 台 NAO 机器人被全球 50 个国家的 550 个顶尖高校实验室购买来作为研究平台，正在使用 NAO 机器人的高校机构有美国哈佛大学和布朗大学、英国威尔士大学、澳大利亚西澳大学、德国弗莱堡大学、日本东京大学、新加坡南洋理工学院、新加坡国立大学、香港大学、韩国科学技术院、香港科技大学、清华大学、北京大学、中国科学院、国立台湾大学、浙江大学、华中科技大学、大连理工大学、上海交通大学、北京理工大学、同济大学、中国科学与技术大学、武汉大学、华东师范大学、上海大学、山东大学、郑州大学和合肥工业大学等。同时，国内高校已经将 NAO 机器人作为研究仿人机器人的科研平台，涉及仿人机器人手臂运动学和动力学建模、目标识别与抓取、音频处理、仿人机器人步态规划、多智能体系统设计、计算机视觉、语音识别、室内环境下的自主导航等项目，并应用于人工智能、计算机科学和医疗等领域。

NAO 机器人将目标识别与抓取、音频处理、算法控制等技术融合创建功能复杂的应用程序。而嵌入式 NAOqi 系统为 NAO 机器人提供了一个跨平台的分布式机器人框架，该框架快速、高效、安全、可靠，为开发人员提供了进一步科学研究的技术基础，以更好地提高、改进 NAO 机器人的各项功能。NAOqi 系统提供了丰富的 API，以便与 NAO 机器人进行互动。NAOqi 系统可满足一般机器人开发的需求，包括并行、资源、同步、事件等。与其他框架相同，NAOqi 系统也包含通用层，这些通用层专为 NAO 机器人设计。通过 NAOqi 系统，不同模块之间可协调沟通，还可实现齐次规划，并与 ALMemory 模块共享信息。

第六代 NAO 机器人的软件体系架构如图 1.18 所示。

图 1.18　第六代 NAO 机器人的软件体系架构

NAO 机器人的运动：第六代 NAO 机器人有 25 个自由度，上半身有 14 个自由度，下半身有 11 个自由度。使用 Lola 作为动作框架，NAO 机器人的行走过程是周期性重复方式前进，分为双脚支撑期和单脚支撑期。NAO 机器人胸前的惯导和关节传感器收集行走的姿态信息，既可提高机器人行走的鲁棒性，免受小的干扰，也可吸收躯干在前面和侧面的震荡，确保 NAO 机器人平稳地行走。此外，NAO 机器人通过配置行走参数可在多种地面上行走，如地毯、瓷砖地、木质板地面等。NAO 机器人的运动学模型基于普遍的逆运动学，可对关节姿态进行结算，以实现机器人的平衡等任务。

NAO 机器人的摔倒管理器：摔倒管理器通过探测 NAO 机器人的重心是否超出支持多边形的范围来判断 NAO 机器人是否摔倒。支持多边形根据接触地面的双足位置确定，当摔倒管理器探测到机器人要摔倒时，所有的运动任务都会被终止，NAO 机器人的双臂根据倾斜方向做出相应的动作，启动保护机制，而且机器人的重心降低，电机的刚度也会降为零，实现摔倒保护功能。

NAO 机器人的视觉：NAO 机器人的头部有两个 2D 摄像头，其中一个摄像头位于机器人前额，拍摄其前方的水平画面，另一个摄像头位于嘴部。摄像头拍摄的画面可用于跟踪、学习并识别不同的图像和面部。通过相关视觉软件，再现 NAO 机器人看到的图片及视频流。对获取的图像进行处理，运用视觉算法可以实现物体识别。此外，可以在 Choregraphe 中加入第三方库来处理视觉信息，如 OpenCV（开源计算机视觉库），或是将视觉信息传送至与机器人连接的计算机上，这样就可轻松地使用 OpenCV 的显示功能，来开发和测试自行设计的算法，并可获得图片的反馈。如果想精确获取图片中目标物体的深度信息，可以加入深度相机，如 Kinect 或 Realsense。

NAO 机器人的音频：NAO 机器人有 4 个麦克风，可跟踪声源，还可使用多种语言进行语音识别和声音合成。人机交互是仿人机器人的主要功能之一，NAO 机器人的声源定位功能用于确定声源方向。为了生成鲁棒且有用的输出数据，同时满足 CPU 和内存方面的要求，NAO 机器人的声源定位功能基于"到达时间差"法。当 NAO 机器人附近的某个声源发出声音时，NAO 机器人身上的 4 个麦克风在接收声波的时间上会有一定的差异，每当 NAO 机器人听到一个声音，它就可借助 4 个麦克风测量到的时间，通过运算检索到声源的方向（方位角和仰角）。该功能作为一个 NAOqi 模块供用户使用，模块名为"ALAudioSourceLocalization"，提供一个 C++和 Python 的 API，可准确地与某 Python 脚本或 NAO 机器人模块互动。Choregraphe 软件中包含两个相关的指令盒，帮助用户在某一行为中使用该功能，可行的实际应用包括：探测、跟踪并识别某人，探测、跟踪并识别某发声物体，在某一特定方向的语音识别，在某一特定方向的说话者识别，远程安全监控，娱乐等。在处理音频信号方面，可以直接在 NAO 机器人上应用信号处理算法，由于机器人的嵌入式处理器的计算能力有限，可将某些运算导出至远程桌面或服务器上完成。例如，在一个远程处理器上进行语音识别，效率会更高，大部分现代智能手机就是以远程方式来处理语音识别。NAOqi 框架使用"简单对象访问协议"（Simple Object Access Protocol，SOAP）来发送和接收网络音频信号。使用 ALSA（Advanced Linux Sound Architecture）库在 NAO 机器人上生成和记录声音，使用 ALAudioDevice 模块管理音频的输入和输出。专业人员可利用 NAO 机器人的音频处理能力，进行大量与人机互动及信息交流有关的实验和研究。

NAO 机器人的触觉传感器：除摄像头和麦克风外，NAO 机器人还配备了电容式触摸传感器，分别位于头部和手部，头部的触摸传感器分为前额、头顶、脑后 3 个部分。由此，通过按压触摸传感器向 NAO 机器人发出指令信息，例如，按下头部触摸传感器，让 NAO 机器人暂停当前运行的程序或者坐下；按下手部触摸传感器，让 NAO 机器人做某一特定的动作。该系统与 LED 灯配套使用，可指示触摸类型，还可用来编辑复杂序列。

NAO 机器人的超声波：NAO 机器人配备双通道超声波系统，胸前分布两个发射器和两个接收器。通过声呐的探测，NAO 机器人可以估计自身与周围环境中的障碍物的距离，探测范围为 0.2～0.8m。当与障碍物距离小于 0.2m 时，机器人不会返回距离信息，只知道附近有一个障碍物。

NAO 机器人的连接：NAO 机器人支持通过 Wi-Fi 无线连接或有线连接计算机来控制 NAO 机器人或为其编程。NAO 机器人与 IEE 802.11g 无线协议标准兼容，可用于 WPA 和 WEP 网络，因此可较容易地连接至家庭或办公室网络上。NAO 机器人的操作系统支持以太网与 Wi-Fi 连接，想要计算机与 NAO 机器人的 Wi-Fi 连接，只需要在连接界面中输入 Wi-Fi 密码即可。以下为 NAO 机器人用户开发的若干应用实例：根据 IP 地址，NAO 机器人可确定其当前的位置，正确报告天气预报；让 NAO 机器人寻找更多与某一主题有关的信息；NAO 机器人会自动连接至维基百科，并朗读相关词条；将 NAO 机器人连接到相应的视频流，机器人会转播某一在线电台的节目；运用 XMPP（Extensible Messaging and Presence Protocol）技术，如谷歌聊天系统使用的技术，用户可远程控制 NAO 机器人，并获取由 NAO 机器人的摄像头返回的视频流。

NAO 机器人的开源：软银公司官网详细介绍了 NAOqi 系统、Pepper、NAO 机器人、Romeo 的使用，可以帮助 NAO 机器人用户快速上手应用 NAO 机器人开发创新的应用程序，如图 1.19 所示。随着使用 NAO 机器人的用户增多，网上的资料和交流平台越来越多，可以帮助解决新用户在使用过程中遇到的一系列问题。

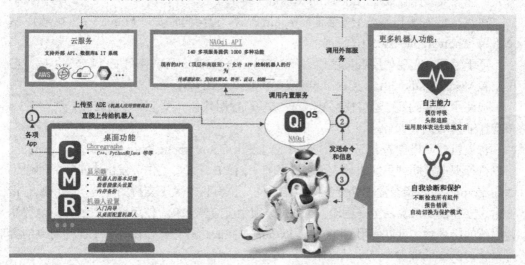

图 1.19 开放的软件和资源

第 2 章　仿人机器人与 Python 语言

本章以仿人机器人常用的 Python 语言为例,深入浅出地介绍 Python 语言的基本概念和脚本应用,可以让 Python 编程零基础的读者快速掌握该语言的使用。同时以 NAO 机器人的脚本编程为蓝本,讲解随机眼睛颜色脚本的使用和创建指令盒功能。

2.1　仿人机器人常用软件及语言

仿人机器人可使用 C、C++、Python、Java 等编程语言进行编程,可在 Windows、Linux 和 Mac OS 系统下运行。

仿人机器人的开发环境主要有两种:在 Choregraphe 上进行开发或使用 SDK 进行开发;通过安装光盘或在 Aldebaran Robotics 首页安装。

在 Windows 操作系统上安装 Choregraphe 时,也会同时安装 Monitor(监视器)。本书采用 Choregraphe 2.8.5.10 版本。

至于编程,需要使用各程序语言相对应的编辑工具。为了使用 C 和 C++编码,需要安装 Visual Studio 2015、GCC4.4(或更新版本)或 CMake。

当使用 Python 时,建议使用 Python 2.7 版。使用软件开发工具包的安装方法在 3.3.4 节有详细说明。

仿人机器人提供的大部分功能可以通过使用 Choregraphe 指令盒完成。Choregraphe 可以执行很多不同种类的机器人任务,如打开 LED、重复动作、发出声音等。然而,Choregraphe 原有指令盒的功能有限,难以完成原有指令盒不支持的任务,使用原有指令盒建立新的复杂算法更是困难。因此,必须学会编辑参数,使用已存在的指令盒算法建立新的指令盒,可以使用 C、C++、Python 来完成这些任务。作为一个面向对象的直译语言,Python 能够快速测试程序。

Choregraphe 可以使用 Python 来编辑程序,如指令盒的参数设定及默认程序等。通过连接 NAOqi 系统,使用 Python 来直接控制 NAO 机器人的硬件,进而改变一些既有函数。利用 Python 语言编程控制 NAO 机器人,可以进一步开发并使用 NAO 机器人的高级功能。因此,本章将介绍 Python 语言的语法结构、基本函数,以及如何在 Choregraphe 软件中使用 Python 语言。

2.2　Python 语言

本节将介绍 Python 语言的基础概念和语法规则,包括 Python 简介、数据形态、操作数、控制语句、函数、类和模块。

2.2.1　Python 简介

Python 是一种以通信为目的的面向对象的直译程序语言（Object-Oriented Interpreted Langauge）。与其他编译程序语言不同的是，Python 可以快速测试及验证程序代码，大幅缩短测试时间。Python 的主要优点如下。

（1）灵活的数据类型。数据类型是动态决定的，可以编写类型无关的程序。

（2）平台独立的语言。Python 可以在大多数操作系统上执行，包括 Linux、Windows 及 Mac。由于其平台独立并且可以像 Java 一样产生字节码的特性，因此造就了可以在不同平台上快速撰写的优势。

（3）清楚且简单的语法。不同于其他程序语言，Python 没有使用"{ }"或"begin…end"来分隔程序区块，仅使用缩排来分隔程序区块，程序设计者按照规定编程。

（4）多样的内置数据结构。Python 默认的数据结构包括字符串（Strings）、列表（Lists）、元组（Tuple）及关联数组（Dictionary）。列表可通过[]操作数来根据元素位置获得元素值，这与数组（Array）有相同的结构，但不同于数组的是，其他数据结构可以于列表中插入。因此，可以用不同的结构（列表、字符串等）来创造元素。

（5）自动的内存管理。由于 Python 使用同 Java 一样的垃圾收集（Garbage Collection）机制，用户不必担心动态内存的分配和释放。如果有必要，Python 会自动分配内存，并在程序使用完后自动释放。Python 也可以根据需要自动提高或降低内存容量。

（6）多样的数据库。Python 的标准函数库非常丰富，可用于众多领域，包括因特网、数学和字符串处理等，也包含处理字符串和发送/接收电子邮件的函数库。除了默认的函数库，可以在网络上找到并使用其他的函数库。

（7）强大的可扩展性。Python 与其他语言的兼容性非常好。Python 不仅可以和其他语言相互调用，而且即使没有源代码，也可以通过函数库接口来使用该函数库。

对于 NAO 机器人来说，在安装 Choregraphe 时也安装了 Python，而 Choregraphe 里面的大部分案例和源代码均可使用 Python 的 IDLE（Integrated Development and Learning Environment）来进行测试。

2.2.2　Python 基础

1. 动态的数据形态

Python 是弱类型语言，使用动态数据形态，变量无须定义，由等式后的赋值决定，示例代码如下：

```
1        a='hello'
2        type(a)
3        <class 'str'>
4        a=1234
5        type(a)
6        <class 'int'>
```

上述代码展示了当"hello"和"1234"同时被放在同一个变量 a 的程序代码中时，可以看到数据形态会自动转换。若使用 C，为了分辨变量的初始形态，则形态陈述"int a"是必要的；若将"hello"指派到被声明为 int 的变量上，则会发生错误。动态数据形态最主要的好处是执行码的创造。假如建立了一个会将两个变量相加的函数"add"，然后假设需要输入整数及浮点数，C++中会使用函数重载来建立如下的程序代码。

```
1    int add(int a, int b) { return a+b; }
2    float add(int a, float b) { return (float)a + b; }
3    float add(float a, int b) { return a + (float)b; }
4    float add(float a, float b) { return a+b; }
```

然而在 Python 中，只需要一行程序代码，示例代码如下：

```
1    def add(a, b) return a+b
```

由此可见，通过使用动态数据可以创造简易的一般化程序代码，比 C 及 C++语言更有效率。

2．变量名称

Python 可以用文字、数字和下画线（_）为变量名称。首位不能为数字并且所有变量名是大小写敏感的，如 hello、abcd、NAO_robot、temp 及 number1，均可作为变量名称。部分程序语言中经常使用的保留字也不能被用作变量名称，如表 2.1 所示。

表 2.1　不能被用作变量名称的保留字

and	del	from	not	while
as	elif	global	or	with
assert	else	if	pass	yield
breav	except	import	print	—
class	exec	in	raise	—
continue	finaliy	is	return	—
def	for	lambda	try	—

若将保留字用于变量名称，则会发生如下代码所示的错误。

```
1    >>> return=2
2    SyntaxError: invalid syntax
3    >>> if=7
4    SyntaxError: invalid syntax
```

3．数据类型

Python 数据类型主要包括数字和字符串，数字包括整数（int）、长数（long）、浮点数（float）、复数（complex）等。

要指定其他进制数字，必须在变量值前面加入二进制"0b"、十进制"0o"、十六进制"0x"。二进制 bin、十进制 oct、十六进制 hex 函数可以用于产生其对应的进制数，示例代码如下：

```
1    >>> 0b1010
2    10
3    >>> 0o11
4    9
5    >>> 0xa3
6    163
7    >>>
```

```
1    >>>bin(10)
2    '0b1010'
3    >>>oct(9)
4    '0o11'
5    >>>hex(163)
6    '0xa3'
7    >>>
```

在 Python 中，使用浮点数形态（Float Type）处理实数，实数可以以 3.14 或 2.71 的方式输入，也可以以指数 314e-2 或 271e-2 的方式表示。下述代码所示的浮点数误差通常会发生在实数表示时。

```
1    >>> pi=3.14
2    >>> type(pi)
3    <class 'float'>
4    >>> pi
5    3.14000000000000001
```

```
1    >>> pi=314e-2
2    >>> type(pi)
3    <class 'float'>
4    >>> pi
5    3.14000000000000001
```

Python 也支持复数表示。下述代码所示的复数表示为"j"，可以输入和处理复杂的数字。

```
1    >>> x=1+1j
2    >>> type(x)
3    <class 'complex'>
4    >>>x.imag
5    1.0
6    >>>x.real
7    1.0
8    >>>x.conjugate()
9    (1-1j)
```

操作数如基本的算术运算（+、-、*、/）、取余数（%）、指数（**）及整数相除（//），皆可以在数字上做操作。指数的优先权大于其余算术运算，而相除后只会取得整数，示例代码如下：

```
1    >>> (3**3)+1
2    28
3    >>> 3**3+1
4    28
```

```
1    >>> 3//2
2    1
3    >>> 4//3
4    1
5    >>> 5//2
6    2
```

Python 字符串可以使用单引号（' '）或双引号（" "）表示。下述代码中分别使用了两种表示，但不能结合使用。此外，使用多个双引号来放置多个字符串，可支持特殊的表示法（如换行和 Tab），如表 2.2 所示。

```
1      >>> 'hello'
2      'hello'
3      >>> "hello"
4      "hello"
5      >>> type('hello')
6      <class 'str'>
7      >>> type("hello")
8      <class 'str'>
9      >>> "hello,\n\tit's python string\n\t"
10     """hello,
11     it's python string
12     """
13     >>>
```

表 2.2 Python 支持的特殊字符

表 示 方 式	含　义
\n	Newline character（line breave）
\t	Tab
\r	Carriage return
\0	NULL
\\	'\'
\'	'text
\"	"text

　　加法操作数（+）用来合并字符串，乘法操作数（*）用来重复该字符串。[]操作数用来调用每个字符串的元素，第一个元素从 0 开始。如下述代码所示，切片操作数可以将一个字符串切割成多个子字符串，使用方式为[开始:结束]。[]操作数也可以用来读取元素，但不能修改。元素索引也支持负号形式，若该索引为 0:4，则另外的索引形式可以为-3:-1。

```
1      >>> 'hello'+'NAO'
2      'helloNAO'
3      >>> 'hello'*3
4      'hellohellohello'
5      >>> x='hello'
6      >>>x[0]
7      'h'
8      >>>x[3]
9      'l'
10     >>>x[2:4]
11     'll'
12     >>>x[-3:-1]
13     'll'
14     >>>x[4]='q'
```

```
15      Traceback (most recent call last):
16         File "<pyshell#40>", line 1, in <module>
17      x[4]='q'
18      TypeError: 'str' object does not support item assignment
```

4．数据结构

1）列表

列表有类似于数组的数据结构，具有能够插入并删除的优点。Python 不支持数组，但是支持基本数据结构的列表，列表可以储存不同结构的数据。可以使用[]操作数创建列表，主要方法包括附加函数（append）、插入函数（insert）、删除函数（remove）、索引函数（index）、计数函数（count）、排序函数（sort）及反向函数（reverse）。

下述代码介绍如何产生一个对应于一周中每一天的字符串列表，每个元素可以使用[]进行索引。

```
1      >>> day=['Monday','Tuesday','Wednesday','Thursday','Friday']
2      >>> day
3      ['Monday', 'Tuseday', 'Wednesday', 'Thursday', 'Friday']
4      >>> type(day)
5      <class 'list'>
6      >>>day[0]
7      'Monday'
8      >>>day[1]
9      'Tuesday'
```

下述代码使用附加函数在列表中增加一个元素。使用附加函数，内容将被添加为列表的最后一个元素。

```
1      >>>day.append('Saturday')
2      >>> day
3      ['Monday', 'Tuseday', 'Wednesday', 'Thursday', 'Friday', 'Saturday']
```

下述代码使用插入函数将一个元素添加到列表中。插入函数首先选择插入的位置，如以下代码所示，"Sunday"在 0 的位置被插入。

```
1      >>>day.insert(0,'Sunday')
2      >>> day
3      ['Sunday', 'Monday', 'Tuesday', 'Wednesday', 'Thursday', 'Friday', 'Saturday']
```

使用删除函数可以删除相应的元素，示例代码如下：

```
1      >>>day.remove('Sunday')
2      >>> day
3      ['Monday', 'Tuesday', 'Wednesday', 'Thursday', 'Friday', 'Saturday']
```

索引函数会返回相应元素的位置，计数函数会统计列表中该元素的个数。此外，若使用排序函数，则字符串会按字母顺序升序排列；若使用反向函数，则列表会按字母顺序降序排列。示例代码如下。

```
1      >>>day.index('Thursday')
2      3
3      >>>day.count('Thursday')
4      1
5      >>>day.sort()
6      >>> day
7      ['Friday', 'Monday', 'Saturday', 'Thursday', 'Tuesday', 'Wednesday']
8      >>>day.reverse()
9      >>> day
10     ['Wednesday', 'Tuesday', 'Thursday', 'Saturday', 'Monday', 'Friday']
```

2）元组

元组类似于列表，但它是只读的数据结构。列表是由[]操作数生成及操作的，元组是由()操作数生成的。[]操作数只用于读取数据。由于元组是只读数据结构，不能编辑，因此，只能使用计数函数和索引函数，它和列表有一样的作用，示例代码如下：

```
1      >>> day=('Monday','Tuesday','Wednesday','Thursday','Friday')
2      >>> day
3      ('Monday', 'Tuesday', 'Wednesday', 'Thursday', 'Friday')
4      >>> type(day)
5      <class 'tuple'>
6      >>>day[1]
7      'Tuesday'
8      >>>day[2]
9      'Wednesday'
```

3）关联数组

关联数组是一种包含键和值的数据结构。可以使用键获得值，若使用的键不存在，则会发生错误；可以指派新的键和值来增加新项目，而对象函数（item）、键函数（keys）、和数值函数（value）可用于读取值。

```
1      >>> score={'math':'100','history':'90','english':70}
2      >>> score
3      {'math': '100', 'history': '90', 'english': 70}
4      >>> type(score)
5      <class 'dict'>
6      >>> score['english']
7      70
```

```
1      >>> score['korean']
2      Traceback (most recent call last):
3        File "<pyshell#68>", line 1, in <module>
4          score['korean']
5      KeyError: 'korean'
```

对象函数会将关联数组中的键和值以元组的方式返回，键函数会将关联数组中的键以元组的方式返回，而数值函数会将关联数组中的值以多位的形式返回，示例代码如下：

```
1    >>>score.items()
2    [('math', '100'), ('history', '90'), ('english', 70)]
3    >>>score.keys()
4    ['math', 'history', 'english']
5    >>>score.values()
6    ['100', '90', 70]
```

2.2.3　控制语句

Python 有逐一顺序执行其语法的特性。控制语句（如条件式和循环）用于改变程序。循环（Loops）用于重复执行相同或相似的任务，而条件式（Conditions）用于根据条件决定是否要执行任务。最常见的循环包括 for 语句和 while 语句，条件式包括 if 语句。

1. if 语句

if 语句会评估条件并根据相应的结果来决定是否执行。下面的程序代码是一个很好的例子，该程序会评估变量值，若数值大于 90，则程序会输出"Good job."；若数值小于 90，则程序会输出"You might have to try harder."。

```
1    >>> score=98;
2    >>> if score>90:
3            print("Good job.")
4    else:
5            print("You might have to try harder.")
6
7
8    Good job.
```

if 语句的定义如下所示。

if Condition:Processing Syntax 1

else:Processing Syntax 2

if 条件:执行语法

else:执行语法 2

如果条件为真，执行语法 1；否则，执行语法 2。不像其他语言，Python 没有使用区块处理执行语法。因此对应于执行语法 1 的程序代码必须全部具有相同间距。如果不这样做，可能会发生错误，或者可能不会以你想要的方式来执行。在下述代码中"if"和"else"间距的数量看起来是不同的，如果从第一个语句来看，它们实际上有相同的间距。

```
1    >>> if score>98:
2        print("Good job.")
3        else:
4
5    SyntaxError: invalid syntax
```

此外，也可以使用"elif"来测试若干不同的条件。"if"和"elif"可以被组合使用以扩大程序来为每个条件输出一个分数，示例代码如下。若使用 C/C++，则一部分程序代码必须用"90=<score&&score<=100"表示，但在 Python 中可以用"90<=score<=100"表示。

```
1    >>> if 90<=score<=100:
2        print("A")
3    elif 80<=score<=90:
4        print("B")
5    elif 70<=score<=80:
6        print("C")
7    elif 60<=score<=70:
8        print("D")
9    else:
10       print("F")
```

2. while 语句

只要条件为真，while 语句就会不断重复地执行内部程序代码。使用的形式和 if 语句相同，但若条件式最初为 false，则整个程序代码区块将被略过不会被执行。下述代码显示从 1 加到 5 的求和结果，"+=1"与"number=number+1"相同。

```
1    >>> while number<5:
2        number+=1
3        sum+=number
4        print(number,sum)
5
6        1 1
7        2 3
8        3 6
9        4 10
10       5 15
```

3. for 语句

for 语句与 while 语句相似，是一个典型的重复语句，它的使用不同于 C/C++。Python 的 for 语句的结构如下所示。

for element in Sequence type object:object S: Processing Syntax

for 元素 in 序列形态对象 S:执行语法

这里，对象 S 有连续的形式，包括字符串、列表、元组及关联数组。下述代码显示了 for 语句的一个例子。数字列表中的每个元素都依序被指派了一个变量"i"，而通过"print(i)"命令会依序输出每个元素。

```
1    >>> number=['one','two','three','four','five']
2    >>> for i in number:
3        print(i)
4    one
5    two
6    three
7    four
8    five
```

4．range 函数

如果使用了 range 函数，就可以创建不断重复数值的列表。如果将 for 语句与 range 函数组合，就可以使用如同 C/C++的 for 语句。range 函数如下所示。

range(start value, end value, increase value)

Range（起始值, 终止值, 增加值）

下述代码是使用 range 函数生成数值列表的结果。

```
1    >>>range(1,6,1)
2    range(1, 6)
3    >>>range(1,10,2)
4    range(1, 10, 2)
```

如以下代码所示，当 for 语句与 range 函数组合在一起时，就可以创造如同 while 语句的程序，实现从 1 加到 5 的求和功能。

```
1    >>> sum=0
2    >>> for i in range(1,6):
3        sum+=i
4        print(i,sum)
5
6    1 1
7    2 3
8    3 6
9    4 10
10   5 15
```

2.2.4　函数

函数会将一些语句集合成一个处理程序。类函数、范围函数和输出函数是一些我们已经探讨过的基本函数，这些程序在 Python 中已经被定义。在这节中我们将探讨如何定义及使用这些函数。

1. 定义

Python 声明函数的方法和其他程序语言稍有不同。一个函数由"def"作为开头和"："作为结尾，且头尾皆有缩排间隔，不像 C、C++或 BASIC 有清楚的开头、结尾标示。函数声明的语法如下所示。

def function name (argument 1,argument 2,…,argument n) : Processing Syntax

return Value

"def"是一个声明函数的语句，而"function name"是声明函数时将要使用的名称。括号中的"argument 1,argument 2,…,argument n"是形参，用来接收调用函数时实参传来的值。而"："用于声明的结尾。

"Processing Syntax"是调用函数后需要执行的代码；也可以在代码中调用其他函数。"return"用来返回函数运行后的结果；当不用"return"来结束函数时，会返回"None"值。

下述代码定义了一个函数，可将两个自变量（a 和 b）相加并返回结果。

```
1    >>> def add(a,b):
2        return a+b
3
4    >>>add(10,20)
5    30
6    >>> add("hello","world")
7    'helloworld'
```

在自变量 a 和 b 相加后结果会被返回。由于 Python 不会声明类型，因此自变量类型会在传递时决定。这表示所有支持+操作数的类都可以使用，而且可以被字符串和数字使用。

2. 返回值

有 return 语句才有返回值。当执行函数遇到 return 语句时，对应的函数会结束，并返回至被声明的地方。当未使用 return 语句或函数只包含 return 语句时，函数仍会结束，在这种情况下，"None"对象会作为返回值被传递。

```
1    >>> def nothing():
2        return
3
4    >>> print(nothing())
5    None
6    >>>
```

当有多个值需要返回时，可以将多个值转为元组的函数一次返回多个值。下述代码使用了 calc 函数来返回计算的所有结果。

```
1    >>> def calc(a,b):
2        return a+b,a-b,a*b,a/b
3
```

```
4    >>>calc(10,20)
5    (30, -10, 200, 0.5)
6    >>>q,w,e,r=calc(10,20)
7    >>> print(q,w,e,r)
8    30 -10 200 0.5
```

3．参数

Python 以引用的方式将参数传递至函数，这与 C/C++不同。对于 Python，这是依据是否可以更改参数来决定的。对于一般的数值，即使在函数内修改变量，也不会反映在函数外的变量上。但是，对于列表形成的参数，若在函数中修改变量，则修改后的内容会显示在函数之外的地方。

```
1    >>> def add(a,b):          1    >>> def change(a):
2        b=10                   2        a[0]='a'
3        return a+b             3
4                               4
5    >>> a=20;b=30              5    >>> a=['b','b','b']
6    >>> add(a,b)               6    >>> change(a)
7    30                         7    >>> print(a)
8    >>> print(a,b)             8    ['a', 'b', 'b']
9    20 30
```

4．pass 语句

pass 语句用来创造不进行任何操作的程序代码。下述代码中的程序码不会做任何事，不会显示任何结果。

```
1    >>> def nothing():
2        pass
3
4    >>>nothing()
5    >>> print(nothing())
6    None
```

pass 语句的使用频率较高。例如，在编写一个临时函数（Temporary Function）、模块（Module）或类（Class）时，可以只指派名称但不编写任何内容，这就是使用 pass 语句的时机。在上述代码中，可以使用"return"来取代"pass"，但是在类中必须使用"pass"，因为返回值并不存在。

2.2.5　类

在 Python 中，可以通过类（Class）来实现面向对象编程（Object-Oriented Programming）。在 C++或 Java 中，可以在同一层中编写所有函数，且这些函数会被用于抽象编程（Abstract Programming）。本节将探讨可用于面向对象及类声明的必要方法。

1．声明

同时定义数据和方法就是类声明（Class Declaration）。可以使用 pass 语句来定义一个简单且没有任何内容的类。在下述的程序代码中，"firstClass"对象在声明类的同时被建立（同时发生）。可以通过声明构造函数来为一个名称建立对象。子结构是第一个用于创建对象的方法。

```
1      >>> class firstClass:
2          pass
3
4      >>> f1=firstClass()
5      >>> type(f1)
6      <class '_main_.firstClass' >
```

下述代码示范了如何使用一般的类。"import math"是个可以声明且导入平方根函数（sqrt）的模块。基本上，模块指的是一个有特殊目的的函数集。Point 类的声明包含"class Point："和变量 x、y 的初始化。"def distance(self)"函数也在这里被声明，而"self"和 C++、Java 中的"this"有着相同的意思。在 Python 中，类函数被预设为必须使用"self"为第一个自变量，这会指向它自己的对象，并可通过"self.x"和"self.y"来存取类中的变量 x 和 y。"p1=Point()"是指 Point 类实例化。内部变量和方法是通过使用点（dot）运算"p1.x"和"p1.y"来声明存取的。

```
1      >>> import math
2      >>> class Point:
3          x=0;y=0;
4          def distance(self):
5              return math.sqrt(self.x*self.x+self.y*self.y)
6
7      >>> p1=Point()
8      >>> p1.x=10;p1.y=20;
9      >>> p1.distance()
10     22.360679774997898
```

2．类及对象间的关系

类对象（Class Instance）是指用于储存类内容的内存。在下述代码中，类结构由"class"声明，"x1=secondClass()"和"x2=secondClass()"创建属于类的对象。由于没有任何数据的更改，"x1.name"和"x2.name"都储存了"hi"字符串。若使用"x2.name="hello""则会改变量值，"x2.name"的内容也会改变。若是和"x1.name"相同的类，"hi"也不会改变，这是由于"x1"和"x2"有各自独立的对象内存区。

```
1      >>> class secondClass:
2          name="hi"
3
4
5      >>> x1=secondClass()
```

```
6      >>> x2=secondClass()
7      >>> x1.name
8      'hi'
9      >>> x2.name
10     'hi'
11     >>> x2.name="hello"
12     >>> x1.name
13     'hi'
14     >>> x2.name
15     'hello'
```

Python 的另一个特点是可以动态且独立的增加对象和类变量。例如，对 "x1" 和 "x2" 使用相同的类对象，并在 "x1" 中新增一个变量 "age"，这个新的变量将会是 "x1" 独有的，并不会对 "x2" 有任何影响。虽然这是 Python 的特点，但是并不建议使用它，如果没有保持类的一致性，那么随着程序变得复杂，除错也会变得更困难。

```
1      >>> x1=secondClass()
2      >>> x2=secondClass()
3      >>> x1.age=10
4      >>>print(x1.name,x1.age)
5      hi 10
6      >>>print(x2.name,x2.age)
7      Traceback (most recent call last):
8          File "<pyshell#80>", line 1, in <module>
9      print(x2.name,x2.age)
10     AttributeError: 'secondClass' object has no attribute 'age'
```

使用 "isinstance" 方法可以了解类和对象之间的关系。第一个参数放置一个对象，第二个参数放置类的名称。示例代码如下，可以用来确定一个对象是否从相应的类中被创建。

```
1      >>> isinstance(x1,secondClass)
2      True
3      >>> p=10
4      >>> isinstance(p,secondClass)
5      False
```

3. 构造函数与析构函数

构造函数用于创建一个类时的初始化，当创建一个对象时会自动调用构造函数。反之，析构函数会在销毁对象时自动声明。

在 Python 中，构造函数的定义为 "_init_()"，而析构函数的定义为 "_del_()"。若 Python 中有 "_" 连接到变量或函数的名字，则表示该对象是为了特殊目的而预定义的。对于构造函数，可以在创建对象的初始化时传递成员变量（Member Variable），如同传递参数至声明的函数。构造函数和析构函数是类里面的方法，所以第一个参数必须指向自己的对象。被使用的"self"参数可以有不同的名称，但是建议保持"self"。

```
1    >>> class conClass:
2        def _init_(self):
3            print("Constructor Called")
4        def _del_(self):
5            print("Destructor Called")
6
7    >>> c1=conClass()
8    Constructor Called
9    >>> c1=0
10   Destructor Called
```

上述代码显示了一个构造函数和析构函数的简单范例。当声明构造函数时，"Constructor Called"的信息会出现。如果声明的是析构函数，那么"Destructor Called"信息将会出现。当创建"c1=conClass()"对象时，会自动声明构造函数。可以通过"c1=0"将连接对象改为 0，以检测是否有声明析构函数。此外，若使用"del()"函数从内存中删除对象，则析构函数还是会被声明。通常，构造函数与析构函数必须定义对象的初始化程序。例如，当使用 NAO 机器人来交换电子邮件时，它们会提供电子邮件地址与 IP 位置到对象中。

4．静态方法

静态方法可以声明外部的对象，无须创造一个。首先，在"static Class"类中定义一个函数"print_hello()"。一般函数中有"self"作为第一个参数指向自己的对象，但静态方法不需要第一个参数。使用"staticmethod"在"static_print"上明确声明"print_hello"是一个静态函数。当声明静态函数时，可以使用"class name.staticmethod"，并且无须创造一个对象去声明它。

```
1    >>> class staticClass:
2        def print_hello():
3    print("Hello World")
4        static_print=staticmethod(print_hello)
5
6
7    >>> staticClass.static_print()
8    Hello World
```

5．操作数重载

操作数重载（Operator Overloading）是指为操作数（+、-、*、/）的类重新指派任务。若是数字类，则"+"可以是加法；若是字符串类，则"+"可以被定义为加上一个字符串。这里使用了操作数重载，而 Python 提供了预定义函数。

此外，还有很多方法可以做到运算符重载，表 2.3 所示为常用的预定义方法。

表 2.3 常用的预定义方法

函 数 定 义	操 作 数	例 子
add(self,other)	+	A+B
sub(self,other)	-	A-B
mul(self,other)	*	A*B
div(self,other)	/	A/B
floordiv(self,other)	//	A//B
mod(self,other)	%	A%B
divmod(self,other)	divmod()	divmod(A,B)
pow(self,other)	**	A**B
lshift(self,other)	<<	A<<B
rshift(self,other)	>>	A>>B
and(self,other)	&	A&B
xor(self,other)	^	A^B
_or_(self,other)	|	A|B
abs(self)	abs()	abs(A,B)
neg(self)	-	-A
invert(self)	~	~A

运算符重载最典型的例子是增加字符串。使用"TString"去定义一个字符串处理类，可使用"+"运算符来增加字符串。

```
1        >>> class TString:
2            def _init_(self,init):
3                self.string=init
4            def _add_(self,other):
5                return self.string[:]+other
6
7
8        >>> hello=TString("hello")
9        >>> hello+"hi"
10       "hellohi"
```

6. 继承

继承（Inheritance）是面向对象中最重要的技术之一。继承通常是指将父类中的所有属性传给子类。当使用这种类继承时，为了避免每个类中都有同样的程序代码，可以通过让子类继承唯一且共有的父类属性来增加代码的一致性。图 2.1 所示为继承关系的示例。首先，通过机器人的腿部数量来区分，可以分成"四脚走路"与"两脚走路"。Aibo 机器人与 Bioloid 机器人是四足机器人，而 Hubo 机器人与 NAO 机器人是双足机器人。虽然 Aibo 机器人与 Bioloid 机器人可称为四足机器人，但通常只被当作机器人，这是由于在子层纳入了上一层的特性。更详细的规格差异被记录在子层中，在上层中可能会有一般的差异，但没有更详细的区别。面向对象编程会从最抽象的阶层开始使用阶级元素来实现父子继承关系。

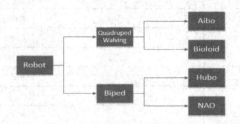

图 2.1　继承关系的示例

下述程序代码示例了如何表示继承关系。该机器人有"move"与"operating"方法，使用双足行走的机器人 Biped_Robot 的子层都有代表一只腿的变量"leg"。

在定义 class ChildClass(ParentClass)之后便能开始实现继承关系：若使用此方法实现继承关系，Biped_Robot 所创造出的对象中会有从父类继承过来的两个函数 move 与 operating。变量并不会立刻继承，但可以声明 Biped_Robot 中的构造函数_init_(self,leg)来解决此问题。

```
1    >>> class Robot:
2        def move(self):
3            pass
4        def operating(self):
5            pass
6
7
8    >>> class Biped_Robot(Robot):
9        def _init_(self,leg):
10            self.leg=leg
11
12
13    >>> class Nao(Biped_Robot):
14        def _init_(self,leg):
15            self.company="aldebaran robotics"
16            self.os="embedded linux"
17            Biped_Robot._init_(self,leg)
```

issubclass 函数可以检查子类与父类之间的关系。只有当存在父子关系时，才会返回"True"。若不存在，则返回"False"。

```
1    >>> issubclass(NAO,Robot)
2    True
```

使用 Hubo 机器人来代替 NAO 机器人，其程序代码如下：

```
1    >> class Hubo(Biped_Robot):
2        def _init_(self,leg):
```

```
3              self.company="vaist"
4              self.os="nothing,16bit microprocessor"
5              Biped_Robot._init_(self,leg)
```

与 NAO 机器人相同，在 Hubo 机器人中可以声明 move 或 operating 函数。如果想让 NAO 机器人与 Hubo 机器人有不一样的动作，可以使用重载。重载的方法跟运算符重载相同，可以重新定义父类中的某些部分，以便让它们在子类中执行不同功能。要定义新的 move 与 operating 函数，可以在 Hubo 机器人与 NAO 机器人中使用函数重载，通过定义相同的函数名称去覆盖存在于父类中的函数。因此，利用函数重载与继承关系，父类可以定义接口，这能让子类进行详细的设计。

```
1      >>> class Hubo(Biped_Robot):
2          def move(self):
3              print("hubo is moving.")
4
5
6      >>> hubo=Hubo(2)
7      >>>hubo.move()
8      hubo is moving.
```

2.2.6　模块

模块（Module）是指具有特定功能的函数组合，并且可以重复使用。使用"import math"与"math.sqrt"来为模块做简单的介绍并解释类。这里，"math"是一个被使用的模块，它包含各种数学运算的功能。sqrt 函数的功能是得到平方根，但"math"中还有其他功能，如 log、sin、cos 等函数。要检查有哪些函数存在，可以使用 dir 函数。而 Python 预设可提供大约 200 个模块，利用这些函数可以轻松组合成想要的程序代码。

```
1      >>> import math
2      >>> dir(math)
3      ['_doc_', '_loader_', '_name_', '_package_', '_spec_', 'acos', 'acosh', 'asin', 'asinh', 'atan', 'atan2',
4      'atanh', 'ceil', 'copysign', 'cos', 'cosh', 'degrees', 'dist', 'e', 'erf', 'erfc', 'exp', 'expm1', 'fabs',
5      'factorial', 'floor', 'fmod', 'frexp', 'fsum', 'gamma', 'gcd', 'hypot', 'inf', 'isclose', 'isfinite', 'isinf',
6      'isnan', 'ldexp', 'lgamma', 'log', 'log10', 'log1p', 'log2', 'modf', 'nan', 'pi', 'pow', 'radians',
7      'remainder', 'sin', 'sinh', 'sqrt', 'tan', 'tanh', 'tau', 'trunc']
```

1. 模块使用

模块的使用要通过"import"。声明 import 模块名称，便能使用该模块的功能。它扮演着类似于 C/C++中的"include"的角色，且在声明后，该函数便能引用模块。除函数外，可以使用特定名称去进行常数定义。最经典的例子便是"pi"。若执行"math.pi"或"math.e"，则可以使用预定义的 pi 值或自然常数。

```
1      >>> import math
2      >>>math.e
```

3	2.718281828459045
4	>>> math.pi
5	3.141592653589793

此外，有很多其他有用的模块。例如，"random"可用来创造随机数字；"time"与"date_time"可用来计算或管理日期与时间。

1	>>> import random
2	>>>random.random()
3	0.8732397695197596
4	>>>random.random()
5	0.9640467879878788
6	>>>random.random()
7	0.965208368586093

当声明一个模块的特定函数时，可以使用该函数名称，而非使用模块名称。函数名称使用下列的声明方式：

from module name import function name

from 模块名称 import 函数名称

可以声明随机（random）模块中的随机函数（random）。

1	>>> from random import random
2	>>>random()
3	0.3965996347646703
4	>>>random()
5	0.28454687219495467
6	>>>random()
7	0.20940760555115356

2. 模块创造

Python 的模块被存放在 Python 文件夹的 lib 文件夹中。该文档储存成模块名称.py，用户可以创造相同类型的模块。以下程序代码将让模块执行简单的算术运算。首先，产生一个 calculate.py 文件，可通过类似笔记本的文本编辑器来编辑，如 Notepad、Wordpad，或 IDLE。

```
1       def add(a, b):
2       return a+b
3
4       def sub(a, b):
5       return a-b
6
7       def mul(a, b):
8       return a*b
9
10      def div(a, b):
11      return a/b
```

将新创造模块的数据存放在 lib 文件夹中。接着，从 Python 读取并声明模块，示例代码如下：

```
1        >>> import calculate
2        >>> dir calculate
3        SyntaxError: invalid syntax
4
5        >>> dir(calculate)
6        ['_builtins_', '_cached_', '_doc_', '_file_', '_loader_', '_name_', '_package_', '_spec_', 'add', 'div',
7        'mul', 'sub']
8
9        >>>calculate.add(20,30)
10       50
11
12       >>>calculate,sub(40,30)
13       Traceback (most recent call last):
14         File "<pyshell#66>", line 1, in <module>
15       calculate,sub(40,30)
16       NameError: name 'sub' is not defined
17
18       >>>calculate.sub(40,30)
19       10
```

若将新创造的模块存放在其他路径，而非存放在 Python 文件夹的 lib 文件夹中，则必须调整系统环境变量。以 Windows 7 系统为例，右击"我的计算机"，选择"属性"命令，弹出如图 2.2 所示的窗口。

图 2.2 高级的系统设定

当要引入模块时，Python 会搜索默认的文件夹，以及系统变量中的路径，这就是要在系统变量中增加路径的原因。首先选择"高级系统设置"命令，弹出"系统属性"

对话框（见图 2.3），然后单击"环境变量"按钮，在弹出的"环境变量"对话框中单击
"新建"按钮去设定变量 PYTHONPATH，并设定模块存放的文件夹位置，如图 2.4 所示。

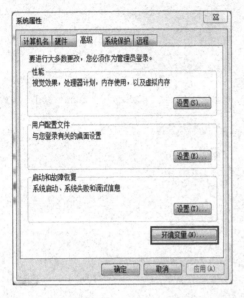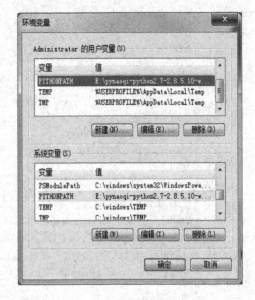

图 2.3 "系统属性"对话框　　　　　　　　图 2.4 "环境变量"对话框

对于 Linux，必须增加如下语法至 shell 文件中（.bash_profile 为常用的 bash shell）。
位置：export PYTHONPATH=$PYTHONPATH:/module。
示例：export PYTHONPATH=$PYTHONPATH:/home/root/modules。

2.3 Python 脚本应用

　　Choregraphe 指令盒大部分都是 Python 脚本，因此只需要了解基本的 Python 知识
便能编辑指令盒的代码。若是在 NAOqi 框架中使用 Python 进行编程，则可以使用 Python
SDK，而非使用 Choregraphe 指令盒。这里，我们将举例说明如何在 Choregraphe 指令
盒中使用 Python 脚本。

2.3.1 随机眼睛颜色脚本

　　随机眼睛颜色（Random Eyes）指令盒能不断地让眼睛随机改变颜色。若执行相对
应的指令盒，则 NAO 机器人眼睛的 LED 会不断变色。此指令盒使用 Python 提供的随
机模块，用户可以编辑它以改变眼睛颜色。
　　首先，将随机眼睛颜色指令盒拖动到 Choregraphe 任务窗口，然后右击指令盒，选
择"编辑指令盒"命令，将出现如图 2.5 所示的一个"脚本编辑器"窗口。

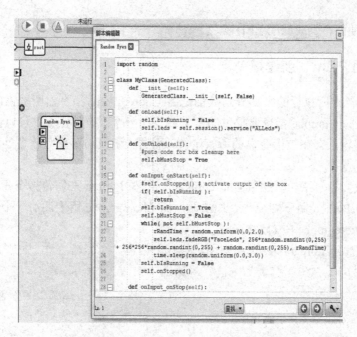

图 2.5　随机眼睛颜色指令盒及其脚本编辑器

此原始码与 IDLE 中的相同，并且相对应的指令盒脚本被定义成 MyClass 且继承 GeneratedClass，引入随机模块使用。如下述代码所示，随机模块会被在 onInput_onStart(self)函数中的 rRandTime=random.uniform(0.0,2.0)使用。

```
1      >>> def onInput_onStart(self):
2          if(self.bIsRunning):
3              return
4          self.bIsRunning=True
5          self.bMustStop=False
6          while(not self.bMustStop):
7              rRandTime=random.uniform(0.0,2.0)
8              ALLeds.fadeRGB("FaceLeds",256*random.randint(0,255)+256*256*
9          random.randint(0,255)+random.randint(0,255),rRandTime)
10             time.sleep(random.uniform(0.0,3.0))
11         self.bIsRunning=False
12         self.onStopped()
```

onInput_onStart 函数是一个当执行随机眼睛颜色指令盒时会启动的盒子，"while True:"后的程序区块会让机器人眼睛随机变换 LED 颜色。

眼睛的颜色可以随禁锢的时间间隔而改变，将"time.sleep(random.uniform(0.0,3.0))"中的"random.uniform(0.0,3.0)"更改为一个禁锢值即可实现。

random.uniform 函数会在 0~3s 之间产生均匀分布随机实数。因此，若更改为"time.sleep(1.0)"，则会看到眼睛每秒变色一次。

fadeRGB 函数处理 RGB 值，格式为 256*R+256*256*G+256*256*B，因此当输入

RGB 值时，便能得到对应的 LED 颜色。

2.3.2　使用 Python 创建指令盒

　　NAO 机器人所执行的大部分函数都是由 Choregraphe 指令盒所提供的。若想编辑一个没有被 Choregraphe 指令盒提供的函数或更改一个现有的函数，可以编辑已存在的指令盒。若编辑已存在的指令盒的所有函数，而这些函数需要重复地被使用，则会遇到很多问题。

　　这里，我们将介绍如何使用 Choregraphe 函数与 Python 来创建指令盒。以创建加法功能为范例，Python 用于创造一个加法器，而 Choregraphe 用于注册一个新指令盒。

　　1）在 Choregraphe 中创建指令盒

　　首先，右击 Choregraphe 图表空间，执行"创建一个新指令盒"→"Python 语言"命令（见图 2.6），弹出"编辑指令盒"对话框，如图 2.7 所示。

图 2.6　创建一个新指令盒　　　　　　　　图 2.7　"编辑指令盒"对话框

　　在"名称"文本框中输入新建的指令盒的名称"Adder"（见图 2.8），在"说明"文本框中输入"相加两数"，说明指令盒的功能。

图 2.8　编辑新建的指令盒

2）增加指令盒变量

新增的指令盒只有指令盒外观和基本要素，并没有任何功能。Adder 指令盒作为一个加法器，将会收到两个外部输入，其功能是将这两个输入相加后输出。现在我们将设定两个输入变量，用以接收两个输入值。首先，选择菜单中的"编辑指令盒"命令（见图 2.9），弹出"编辑指令盒"对话框（见图 2.10）。然后在"输入/输出/参数"编辑栏的"输入点"下拉列表中选择"A"，即该输入变量的名称为"变量 A"（见图 2.11），单击添加按钮（加号图标），弹出"添加一个新输入点"对话框，在"名称"文本框中输入点名称"input"，并依据需求选择不同的输入点类型和性质，如图 2.12 所示。

图 2.9　编辑 Adder 指令盒

图 2.10　"编辑指令盒"对话框

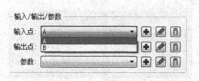

图 2.11　设置输入变量

图 2.12　设置新的输入变量

一般默认类型为"动态"，性质为"onEvent"。类型有 4 种，分别是激活、数字、字符串与动态。性质也有 4 种，分别是 onEvent（事件）、onStart（起始）、onStop（停止）与 ALMemory input（内存输入）。函数与输入变量的功能如表 2.4 所示。其中，onEvent 与 onStart 功能相似。

表 2.4　函数与输入变量的功能

输入变量的参数	名　称	功　能
类型	激活	只传递起始信号
	数字	只传递数字
	字符串	只传递文字
	动态	根据信号类型决定类
性质	onEvent	当有信号进入指令盒时进行处理
	onStart	当收到起始信号时进行处理
	onStop	当收到停止信号时进行处理
	ALMemory input	在设定的时间内从 NAO 机器人的内存中接收数据并处理

增加输入变量 A 之后，使用与 A 相同的方法增加输入变量 B。然后，增加变量 R 到输出中，变量 R 用于输出变量 A 与变量 B 相加的结果。输出变量对话框与输入变量对话框相似，输出性质包含 punctual（实时）与 onStopped（停止）。punctual 是指对应的指令盒在运行结束后会立刻输出。onStopped 的行为类似于 punctual，也是对应的指令盒在运行结束后会立刻输出，不同的是，它只能在较低阶的指令盒运行结束后才能输出结果。

3）编辑 Python 程序脚本

在步骤 1）与 2）完成后，Adder 指令盒被创建，且添加了输入变量 A、B 及输出变量 R。然后，编辑 Python 程序脚本，让输入变量 A、B 相加，并将结果存入输出变量 R 中。

首先，选择"编辑指令盒脚本"（Edit Box Script）来打开脚本编辑器（Script Editor），"脚本编辑器"窗口如图 2.13 所示。此结构类似于随机眼睛颜色指令盒。指令盒里面有 _init_(self)构造函数，并且增加了 onInput_A 及 onInput_B 函数。编辑 _init_(self)、onInput_A 与 onInput_B 函数，并增加一个额外的加法函数，示例代码如下：

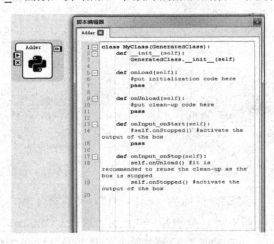

图 2.13　"脚本编辑器"窗口

```
1        >>> class MyClass(GeneratedClass):
2            def _init_(self):
3                GeneratedClass_init_(self)
4                self.bA=False
5                self.bB=False
6                self.R=0
7            def onInput_A(self, p):
8                self.bA = True
9                self.A = p
10               if self.bA and self.bB:
11                   self.process()
12           def onInput_B(self, p):
13               self.bB = True
14               self.B = p
15               if self.bA and self.bB:
16                   self.process()
17           def process(self):
18               self.R=(self.A + self.B)
19               self.bA = False
20               self.bB = False
```

　　为了解释变量，类使用 A、B、bA、bB 及 R 作为对象变量。A 与 B 是暂时的储存空间，从 A 与 B 的输入端接收数据；此时，bA 与 bB 作为变数，用来评估 A 与 B 的输入是否已建立；R 是输出值。上述程序代码中的构造函数（第 2～5 行）声明父类的构造函数，并且初始化变量 bA 与 bB 为"False"。变量 bA 与 bB 用来记录 Adder 指令盒内的 A 与 B 是否从输入端接收到数据。当输入值传递到 A 与 B 时，onInput_A（第 7～11 行）与 onInput_B（第 12～16 行）成为可执行的函数。"onInput_A(self,p)"中的"self"是指指向自己的类，而"p"则是指接收外部的输入信号。若输入值被传递到 A，则 onInput_A 函数将被执行，外部的输入值会事先被存放到"p"中。

　　在 onInput_A 函数中，当内部变量 A 接收到"p"值（第 9 行）时，bA 设定为"True"（第 8 行），表示已收到。此外，"if self.bA and self.bB:"用来判断 A 与 B 是否已接收到数据，若成立，则执行 A 与 B 的相加，即两边都需要类似的处理语法，这是为了解决 onInput_A 与 onInput_B 出现过快执行的状况。此部分存在于 onInput_A 与 onInput_B 函数中，因为当执行 Choregraphe 时，所有的指令盒与输入/输出都可以同时被执行。在 process 函数（第 17～20 行）中，将接收到的 A 与 B 的值相加并存入变量"self.R"，同时将 bA 与 bB 重新设定为"False"，并且再次被执行。

第 3 章　NAO 机器人

本章将详细介绍 NAO 机器人的硬件结构与软件使用。主要包括 NAO 机器人的外设与传感器，计算机与 NAO 机器人的连接方式，查看 NAO 机器人的状态与数据方式，Choregraphe 软件结构与使用方式，如何配置 C++、Python 的编译环境。

3.1　NAO 机器人简介

3.1.1　NAO 机器人的组成

1. NAO 机器人基础组件

NAO 机器人的基础组件包括 NAO 机器人机身、锂电池、充电器（100～240V）。

2. NAO 机器人硬件

NAO 机器人的最新版本为第六代 NAO 机器人（NAO v6），第五代 NAO 机器人（NAO v5）与 NAO v6 的主要硬件对比如表 3.1 所示。NAO v5 与 NAO v6 的性能对比如表 3.2 所示。

表 3.1　NAO v5 与 NAO v6 的主要硬件对比

主要硬件	NAO v5	NAO v6
主板	Atom Z5301.6GHz	Atom E38451.91GHz
	CPU 双核	CPU 四核
	1GB 内存	4GB DDR3 内存
	2GB 闪存+8GB microSDHC	32GB SSD
摄像头	视野范围：72.6° DFOV（60.9° HFOV，47.6° VFOV）	视野范围：68.2° DFOV（57.2° HFOV，44.3° VFOV）
	聚焦范围：≥30cm	聚焦范围：≥30cm
	聚焦类型：固定焦距	聚焦类型：自动聚焦
	1.3MPixel	5MPixel
音频	心形麦克风（-12dB）	全向式麦克风（-12dB）+音频编解码器
	扬声器：Foxconn Amato	扬声器：Seltech 40S19 custom
电机	Maxon	Maxon，使用寿命更长
颜色	红、蓝、浅灰	深灰

表 3.2　NAO v5 与 NAO v6 的性能对比

性能	NAO v5	NAO v6	性能提升情况
启动时间	131.7s	51s	速度约为原来的 2.5 倍
以太网性能	下载速度 162Mbit/s	下载速度 657.54Mbit/s	速度约为原来的 4 倍
	上传速度 138Mbit/s	上传速度 652.01Mbit/s	速度约为原来的 5 倍
Wi-Fi 性能	下载速度 13Mbit/s	下载速度 124.45Mbit/s	速度约为原来的 10 倍
	上传速度 15.5Mbit/s	上传速度 83.9Mbit/s	速度约为原来的 5 倍
磁盘存储	读取速度 4.6MB/s	读取速度 73MB/s	速度约为原来的 16 倍
	写入速度 1.9MB/s	写入速度 67MB/s	速度约为原来的 35 倍
	用户有效专用空间 15GB	用户有效专用空间 23GB	空间约为原来的 2 倍
CPU	用户有效专用 CPU 占总 CPU 的 33%	用户有效专用 CPU 占总 CPU 的 58%	效率约为原来的 2 倍
内存	用户有效专用内存 600MB	用户有效专用内存 2.8GB	效率约为原来的 5 倍
距离风扇 1m 处（风扇 100% 运转/60% 运转）的噪声	40dB（a）/38dB（a）	50dB（a）/36dB（a）	冷却性能更佳
最坏情况（风扇 100% 运转）的 CPU 温度	84℃	74℃	冷却性能更佳
安静环境（环境 50dB、声音 70dB）的 WER	90%	10%	理解能力为原来的 9 倍
公共环境（环境 73dB、声音 76dB）的 WER	80%	30%	理解能力为原来的 2.5 倍
扬声器音量	80dB（c）	89dB（c）	音量约为原来的 2 倍
麦克风饱和（扬声器百分比）	N/A	74%	新增声学回声消除功能
摄像头分辨率	顶部：1280×960；5fps 底部：1280×960；5fps	顶部：2560×1920；15fps 底部：1280×960；15fps	顶部摄像头分辨率约为原来的 2 倍,底部摄像头相似

　　NAO 机器人具有丰富的外设及传感器，因此具有强大的外界感知能力，其构成如图 3.1 所示。

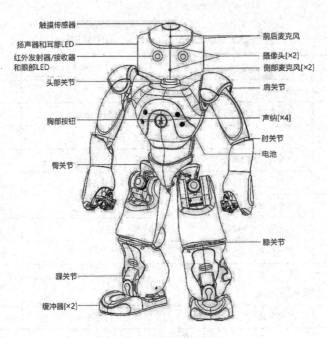

图 3.1　NAO 机器人构成

　　NAO 机器人头部有嵌入式系统，可控制 NAO 机器人完成复杂行为，胸部有 ARM 微型控制器，控制马达和电源。因此，NAO 机器人的开机按钮在胸部，以太网端口及 USB 端口位于头部背面。此外，NAO 机器人头部有 2 个摄像头，额头处摄像头对焦在视线前方，而嘴部摄像头对焦在脚部，组成 NAO 机器人的视觉系统，可实现识别标记物、脸部辨识、物体辨识、图像记录等功能。NAO 机器人头部有 4 个麦克风，左右耳朵各 1 个，头部前方 1 个，头部后方 1 个，可用于简单的录音，提供识别声音位置的功能。NAO 机器人有 2 个扬声器，每个耳朵各 1 个，扬声器可用来播放音乐和说出用户输入的文字。NAO v6 头部组成、NAO 机器人头部的摄像头位置及麦克风位置如图 3.2～图 3.4 所示。

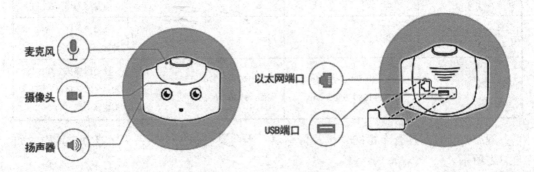

图 3.2　NAO v6 头部组成

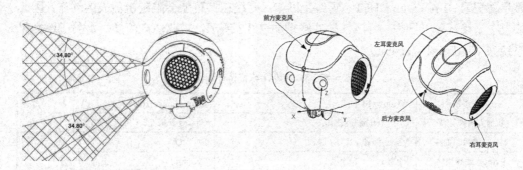

图 3.3　NAO 机器人头部的摄像头位置　　　图 3.4　NAO 机器人头部的麦克风位置

　　NAO 机器人具有丰富的传感器，用于感知环境、人机交互、判断自身状态等，包括霍尔效应传感器（32 个）、接触传感器（3 个）、红外线传感器（2 个）、超声波传感器（2 个）、双轴陀螺仪传感器（1 个）、三轴加速度传感器（2 个）、减压传感器（8 个）和避震器（2 个）。

　　NAO 机器人有 25 个关节，由直流电机控制关节运动。主要分布：头部（2 个）、手臂（12 个）、腰部（1 个）、腿部（10 个），手臂和腿部关节是左右对称的，NAO 机器人的关节名称及位置如图 3.5 所示。

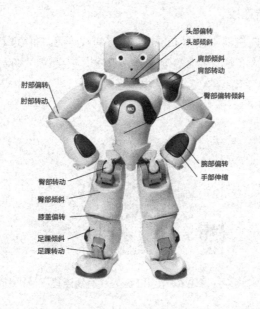

图 3.5　NAO 机器人的关节名称及位置

3．NAO 机器人开发环境需求

　　NAO 机器人开发环境的最低硬件需求：1.5GHz CPU、512MB RAM、正版 OpenGL

显示适配器、LAN with DHCP、无线上网卡（有线连接可能会限制机器人的动作，因此建议在无线环境下操作）。NAO 软件需求如表 3.3 所示，需要注意的是，本书所用操作系统为 Windows10（64bit）。

表 3.3　NAO 软件需求

操作系统	Windows10（64bit）	Linux Ubuntu 16.04
机器人操作软件	Choregraphe 2.8.5.10	Choregraphe 2.8.5.10
C++编辑软件	Visual Studio 2015 / 2017	Gcc、Qt
Python 编译软件	PyCharm	PyCharm

3.1.2　NAO 机器人的连接

NAO 机器人可以通过 Ethernet 有线或者 Wi-Fi 无线连接个人计算机进行通信。为了使用无线连接，必须先设置 NAO 机器人的有线连接。在有线/无线路由器（支持 DCHP 功能）连接到 NAO 机器人后，轻按电源开关，NAO 机器人会表明自己的状态。这里，有线连接网络地址在无线连接之前。

NAO 机器人还支持 FTP 服务，用户可以使用 FTP 发送文件，通过 NAO 机器人接收文件。使用 FTP 需要登录，NAO 机器人出厂时的 ID 是"nao"，密码也是"nao"。

1．Ethernet 有线连接

图 3.6 所示为 NAO 机器人使用 Ethernet 进行有线连接。NAO 机器人会通过 DHCP 自动设置 IP。NAO 机器人有线连接后，轻按电源开关，它会说："你好，我是 NAO，我的互联网地址是 XXX.XXX.XXX.XXX，我的电池已充满电。"其中，XXX.XXX.XXX.XXX 为 NAO 机器人的 IP 地址。

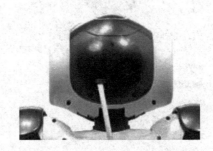

图 3.6　使用 Ethernet 有线连接

2．Wi-Fi 无线连接

1）NAO 机器人的 IP 网页设置

使用 Wi-Fi 无线连接到 NAO 机器人，必须先设定网络。通过网页进行简单的设置和身份确认，此处只介绍无线网络的配置。具体步骤如下：

（1）在网页浏览器中输入 NAO 机器人的 IP 地址（有线连接获得），如图 3.7 所示。

（2）登录初始用户名（nao）和密码（nao）。

（3）在连接机器人后，会显示有线/无线连接的 IP 地址和 MAC 地址。在网络列表中会显示目前可使用的网络。

（4）连接 Wi-Fi，输入 Wi-Fi 的密码。图 3.8 所示为无线网络配置的流程。一旦无线网络配置完成，NAO 机器人就可以使用无线 IP 地址与同一个路由器下的其他计算机通信。

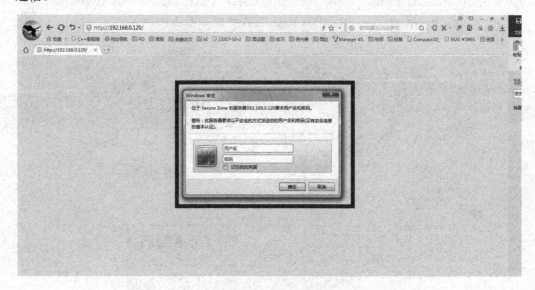

图 3.7　NAO 机器人的默认网络窗口

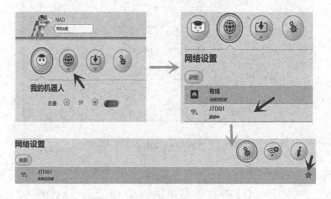

图 3.8　无线网络配置的流程

2）Robot settings 软件

为了方便进行 IP 设置，NAO 机器人有专门的软件——Robot settings 进行设置，这个软件会随 NAO 机器人的软件集一起配送，表 3.4 所示为不同操作系统的 Robot settings 版本。

表 3.4 NAO 的 IP 设置软件包

系统	系统版本	下载
Linux	Ubuntu 16.04 Xenial Xerus-64bits only	Robot settings Linux 64-Installer
Windows	Microsoft Windows 10-64bits	Robot settings Win 64-Installer
Mac	Mac OS X 10.12 Sierra	Robot settings Mac 64-Installer

不同的操作系统使用不同版本的 Robot settings 软件，这里以 Windows 10 为例，用网线连接 NAO 机器人的网口，另一端连接路由器，NAO 机器人的网口位置如图 3.9 所示。打开软件 Robot settings，Robot settings 软件界面如图 3.10 所示。

图 3.9 NAO 机器人的网口位置

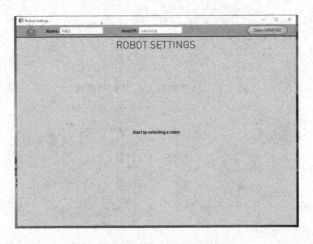

图 3.10 Robot setting 软件界面

当 NAO 机器人后脑勺的两个绿灯亮起时，机器人就连接到了互联网上。然后按 NAO 机器人胸前的按钮，NAO 机器人会说出它的 IP 地址，在 Robot settings 中把 IP 地址填入 Host/IP 栏中，NAO 机器人和计算机应确保在同一网络上，而 NAO 机器人通过以太网电缆连接，并且确保计算机联网。在界面的列表中就会出现 NAO，选中后可以连接附近的 Wi-Fi，同时还可以进行其他配置，如语言、密码等。

在选择 "networks settings" 后，双击需要连接的 Wi-Fi，进行网络参数配置，填写参数，单击 "connect" 按钮即可，成功连接 Wi-Fi 后将显示一个黄色星形，如图 3.11 所示。

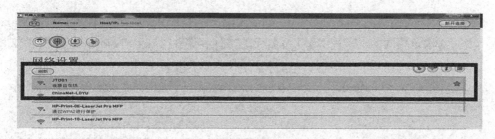

图 3.11　Wi-Fi 设置界面

3. 网页服务

无线网络配置过程显示，网页服务可用于设置和验证 NAO 的基本信息。网页浏览器中的菜单大致分为关于（About）、网络（Network）、设定（Settings）和高级设定（Advanced）。高级设定分为 NAOqi、内存、程序、硬件、蓝牙和日志。下面将介绍每个菜单选项。

（1）关于：显示有关 NAOqi 和网络的基本信息。使用有关 NAOqi 的信息来显示版本、状态、语言、模块和行为。关于网络的信息用于显示以太网和 Wi-Fi 的 IP 地址。

（2）网络：显示 NAO 机器人网络连接的信息，并且可以设置连接。该功能可在网络配置中使用。

（3）设定：进行 NAO 机器人的基本设定。可以更改 ID、密码及图标，这里设定的图标会显示在 Choregraphe 的连接列表中；还可以设置语言、时区和音量，当前版本支持中文、英语、法语、德语、意大利语、日语、韩语、葡萄牙语和西班牙语等。

（4）高级设定：设置和确认高级功能。

（5）NAOqi：显示 NAOqi 的行为状态，并且可以通过"开始""暂停""重启"控制它。

（6）内存：按名称搜索特定的变量并检视当前的变量值。

（7）程序：显示 NAO 机器人当前正在执行的程序列表。程序信息包括程序编码 ID、连接到程序的终端 TTY（TeleTYpe）、时间和程序名称。

（8）硬件：显示 NAO 机器人的设备、关节信息、配置值和温度。这里，设备是指控制电池、LED、传感器和关节的电路板；关节信息包括温度、马达启动值及通过传感器测量的关节旋转角度值；配置值是指 NAO 机器人的默认版本；温度是指 NAO 机器人头上的硅胶和电路板的温度。

（9）蓝牙：显示可以连接 NAO 机器人的蓝牙设备信息，并提供设置连接功能。

（10）日志：显示 NAO 机器人的系统日志。

4. FTP 传输文件

FTP 用于 NAO 机器人的文件传输。Choregraphe2.8.5.10 版本中具有文件传输功能。WinSCP 等软件可在 NAO 机器人和计算机之间进行文件传输。在使用 WinSCP 时，通过 NAO 机器人的 IP 地址、ID 和密码来访问机器人。

　　NAO 机器人使用的系统是基于 Gentoo Linux 的操作系统，其文件夹结构和 Linux 活页夹的结构是相同的。有关 NAO 机器人的文件存储在"/data//home/nao"，图 3.12 所示为 nao 文件夹的存取，矩形框内是 NAO 机器人的文件。

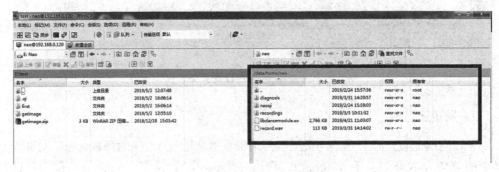

图 3.12　使用 WinSCP 存取 nao 文件夹

3.1.3　监视器（Monitor）

　　监视器可以从内存中获取机器人各个传感器收集的数据及状态信息，也可以采集摄像头拍摄的图像，设置摄像头的分辨率等参数。它的模块化架构支持在不同的移动小工具中加载插件，每个插件都可以连接到选定的机器人上，也就是支持一次连接多个机器人。

　　运行位于 Choregraphe 安装文件夹中的监视器可执行文件，将显示如图 3.13 所示的安装界面，即可安装监视器软件。在"加载插件"菜单中选择一个插件，之后会显示"连接到"面板，选择要监视的机器人，单击"连接到"按钮，一个新的小部件将被添加到主窗口中。

图 3.13　监视器安装界面

　　监视器提供 5 个插件：摄像机观察器、激光监视器（仅适用于带激光头的 NAO 机器人）、内存查看器、3D 传感器监视器及日志查看器，可获悉 NAO 机器人的工作状态。

1. 摄像机观察器

用监视器连接机器人的摄像头，可以看到机器人看到的图像，同时还可以配置相机设置（亮度、对比度等）属性。将相机查看器插件加载到监视器中，在加载完成后将显示如图 3.14 所示的面板，主要包括视图设置、相机设置、功能按键和录像机选项卡等部分。

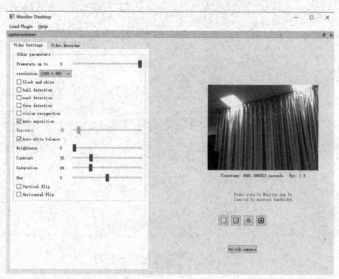

图 3.14　摄像机观察器显示界面

2. 激光监视器

此功能仅适用于 NAO 机器人激光头所有者。这个插件帮助显示激光遥测仪的视野，将激光监视器插件加载到监视器中，在加载完成后将显示如图 3.15 所示的面板。

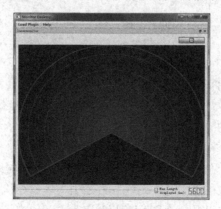

图 3.15　激光监视器显示界面

由激光传感器测量的距离在极坐标图上以交叉点的形式投影，具有正确的角比和偏移量。

3．内存查看器

内存查看器可以帮助观察给定 NAOqi 的 ALMemory 模块保存的数据，可用于绘制数据演化图，这对于使用内部数据诊断行为非常有用，还可以用于跟踪硬件数据。

如图 3.16 所示，在设置好配置参数后，插件将加载于主窗口中。

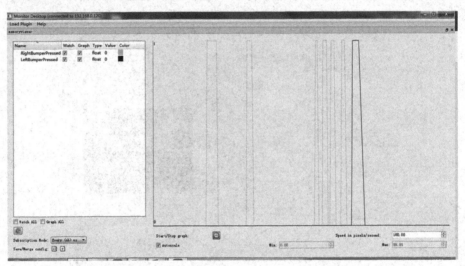

图 3.16　内存查看器显示界面

在界面的左侧，显示配置文件中定义的键列表。列表显示如下参数。

（1）Name：观察对象的名字。

（2）Watch：是否跟踪值。

（3）Graph：是否向绘图中添加值。覆盖 Watch，因为必须有跟踪值才能绘制。

（4）Type：值类型，可以是 bool、int、float、string 或 invalid。

（5）Value：对应数据值。

（6）Color：绘图中关键值的曲线颜色。

4．3D 传感器监视器

3D 传感器监视器插件可用于带 3D 摄像头的机器人，显示其深度图像。这个插件有一个播放按钮和一个暂停按钮，用于启动和停止图像采集。深度图像的分辨率为 320×240，帧速率为 10 帧/s。图像显示为 Peudo 彩色图像，给定图像区域到相机的距离以不同的颜色表示。该插件还可以通过在图像区域中单击某个像素来打印该像素的精确深度测量值（以 mm 为单位）。一旦选定像素，每次图像采集时就会更新距离测量。图像中的白色区域对应无效的像素值，无效像素是由物体离相机太近或太远、材料反射过度或干扰红外光源（阳光、另一个深度相机）等因素造成的。

5．日志查看器

日志查看器能够可视化机器人发送的日志，并显示其水平、类别、消息内容等信息。

日志查看器的具体功能如表 3.5 所示。

表 3.5　日志查看器的具体功能

功　　能	描　　述
类别和级别筛选器（Categories and Levels Filters）	过滤日志视图中显示的日志，将只显示与所选筛选器和类别匹配的日志
日志（Logs）	自插件加载后由机器人发出的日志，只显示满足当前筛选器设置的日志
设置菜单（Settings Menu）	自定义各种日志视图选项
过滤器（Filter）	此处输入的文本用于根据日志的消息内容筛选日志
详细视图（Detailed View）	在日志视图中选择一个或多个日志时，它们以文本详细的方式显示在此处，并允许复制和粘贴

3.2　Choregraphe 软件

Choregraphe 是一个跨平台的应用程序，可以借助基于图形的编程工具来实现 NAO 机器人的行为。与文字编程不同，图形编程不太约束语法且编程大多使用鼠标完成。

Choregraphe 可以在 Windows、Linux 和 Mac OS 上使用，并提供 FTP 和监视器功能。在 Choregraphe 中实现 NAO 机器人的动作需要将动作元素（指令盒）按照事件或时间连接成一组。

图 3.17 所示为 Choregraphe 界面，它分为 5 个不同的类：A 菜单栏，B 指令盒库，C 图表空间，D 项目文件，E 机器人视图。

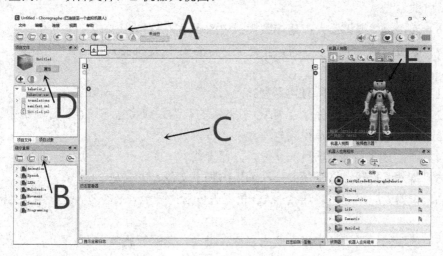

图 3.17　Choregraphe 界面

3.2.1　菜单

在菜单栏中，文件（File）、编辑（Edit）、连接（Connection）、视图（View）和帮

助（Help）皆有下拉式菜单。图标选项包含新建图表（New Diagram）、打开（Open）、保存（Save）、上一页/下一页（Previous/Next）、连接（Connection）、运行（Run）、取消（Cancel）和调试视图（Debug View）等。每个菜单选项的功能如下。

1）文件菜单

（1）新建项目：创建一个新的项目。

（2）打开项目：打开一个项目。

（3）打开最近使用的项目：打开最近一次使用的项目。

（4）保存项目：将项目保存，第一次保存时需要指定位置。

（5）另存为项目：在其他地方以指定文件名保存项目。

（6）退出：退出 Choregraphe 软件。

2）编辑菜单

（1）取消：取消最新的动作。

（2）重做：重新进行取消前的动作。

（3）首选项：设置 Choregraphe 环境及虚拟机器人的类型。

3）连接菜单

（1）连接至：连接 NAO 机器人到 Choregraphe。

（2）关闭连接：关闭与 NAO 机器人的连接。

（3）上传至机器人并播放：向连接的 NAO 机器人发送和执行程序。

（4）停止：停止目前正在执行的程序。

（5）调试/错误输出：如果在调试模式（Debugging Mode）中有错误，错误的信息会显示出来。

（6）连接至虚拟机器人：连接到模拟中的 NAO 机器人。

（7）高级：更新机器人系统，传送文件，备份/恢复机器人数据。

4）视图菜单

（1）指令盒库：显示所有指令盒。

（2）姿势库：显示删除储存 NAO 机器人的行为，或将它们储存到计算机中。

（3）视频显示器：显示视频。

（4）项目文件：显示项目的文件，方便查找。

（5）脚本编辑器：打开最近一次编辑的脚本文件，主要是 Python。

（6）机器人应用程序：连接 NAO 机器人以后，显示安装在 NAO 机器人上的 App 程序。

（7）侦探器：说明每个指令盒的名称、类型、功能等属性。

（8）资源查看器：显示机器人的硬件使用情况。

（9）项目对象：显示项目中用到的所有指令盒。

（10）对话：将机器人所说的话打印出来。

（11）内存检测器：查看内存。

（12）机器人视图：显示虚拟机器人。

（13）日志查看器：将程序中调试出来的结果显示在日志窗口中。

（14）撤销栈：启用 Choregraphe 必要的指令盒库、姿势库、影像监测、项目内容、脚本编辑器、除错窗口，以及取消 Choregraphe 操作所需的堆栈（Stack）。

（15）保存布局：保存当前布局。

（16）加载布局：执行已保持的布局。

（17）重置视图：界面只保存主要的视图工具，使 Choregraphe 的任务屏幕回到初始状态。

5）帮助菜单

（1）入门指南：提供创建项目和打开项目的快捷方式、软件说明书的网页链接。

（2）快捷方式指导手册：将所有快捷方式汇总。

（3）查看行为数据：指令盒、脚本、时间轴的数据统计。

（4）Choregraphe：提供 Choregraphe 软件参考的链接。

（5）一般：提供 Pepper 与 NAO 机器人参考的链接。

（6）API 参考：提供 API 参考的链接。

（7）关于 Choregraphe：显示 Choregraphe 软件的版本及下载地址。

3.2.2　指令盒库

Choregraphe 中的指令盒库依照功能分为七大类型，如 Animation、LEDs 等，且约有 70 个指令盒，这些指令盒可以用来控制 NAO 机器人的各种动作。

可以创建一个新的指令盒库或从指令盒库的顶部导入已储存的数据库，指令盒库提供搜索功能。后面将进行选择指令盒的简短说明。默认选择的数据库是内建指令盒库，当输入其他的数据库时，默认数据库将以卷标显示。

3.2.3　图表空间

图表空间是创建 NAO 机器人动作的空间，用户可以从指令盒库中将指令盒拖动到此。在提供的资料库中，有些指令盒是由许多不同的指令盒组成的。双击指令盒，一个相对应的图表空间将会被打开。

不同功能的指令盒是通过黑色的细线连接的。图 3.18 所示的连接指令盒是在电池没电时，使用 Battery 指令盒和 Ear LEDs 指令盒，打开耳朵的 LED 指示灯，提示用户电池没电的情况。在图表空间中只可以使用鼠标。

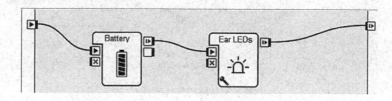

图 3.18　连接指令盒

3.2.4　项目文件

可以在项目文件中方便地查找项目中的各种文件，如图3.19所示。

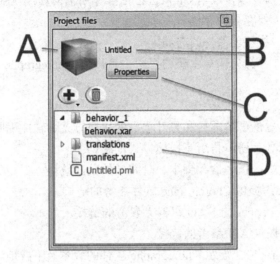

A—项目图标；B—项目名称；C—项目属性；D—项目文件。

图3.19　项目文件

其中，项目属性较为重要，用来设置文件支持的语言、程序说明、程序触发的方式等，单击"Properties"按钮会弹出项目属性界面，如图3.20所示。项目属性界面功能如表3.6所示。

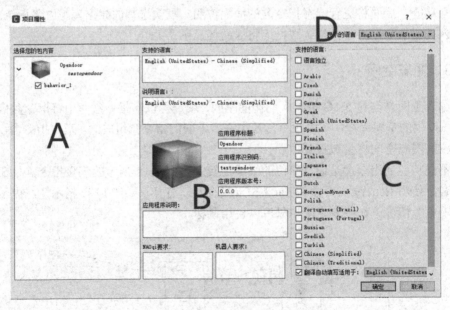

图3.20　项目属性界面

表 3.6　项目属性界面功能

模　块	名　字	功　能
A	包的内容	选择项目、行为或者对话主题
B	属性	选择一个属性进行编辑
C	编辑区	修改所选属性的内容
D	显示的语言菜单	选择项目需要支持多种语言，每个翻译的属性都可以用每种支持的语言进行编辑

3.2.5　3DNAO

3DNAO 是一个显示 3D 仿真 NAO 机器人的窗口。3DNAO 主要提供三种功能，一是模拟用户的编程动作，这个功能只能使用在关节动作上，不能模拟传感器、LED、摄影机；二是用户可以输入关节值来使机器人移动，若左右两边的动作是对称的，则可以使用镜像功能；三是机器人的实际动作会通过 3DNAO 窗口展示。

在 Choregraphe 的查看菜单中设定或者使用鼠标来移动调整。使用鼠标左键可以调整画面的上/下和左/右，使用鼠标右键可以调整旋转角度。此外，使用鼠标滚轮可以控制画面放大/缩小。

有两种方法可以生成 NAO 机器人的姿势：一是控制仿真器中的关节来设定姿势，二是手动调整机器人至想要的姿势来取得关节信息。

3.2.6　姿势库

姿势库会将特定姿势的关节值储存，并像指令盒一样调用该姿势。注册一些比较常见的姿势（如站立等），将简化编程过程、提高编程效率。

姿势库的设置和指令盒库的设置大致相同。Choregraphe 提供三种不同的预设姿势，如图 3.21 所示。零（StandZero）是当所有关节值为 0 时的姿势；初始（StandInit）是有利于动作转变的姿势；站立（Stand）是使用电源最少的姿势。姿势库会加载预设关节值来生成 NAO 机器人的动作。用户可以使用姿势库中的文件菜单来创建常用姿势至姿势库中。

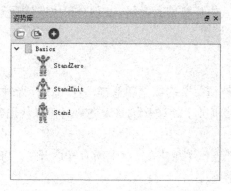

图 3.21　姿势库

3.2.7　Choregraphe-NAO 连接

1. 连接设定

在 Choregraphe 的连接菜单中单击"Connect to"按钮，Browse robots 窗口将会被打开，如图 3.22 所示。

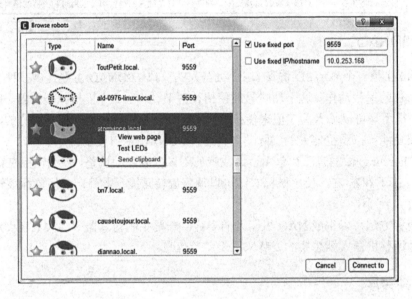

图 3.22　Choregraphe 中 NAO 的连接设定

Browse robots 窗口的左侧显示 NAO 机器人的连接列表，列表中显示的 NAO 机器人图像表示机器人的状态。NAO 机器人有三种不同的状态：

（1）NAOqi 是可用的，且有无线或有线连接可用。若右击图像，则会出现 LED 测试和前往网页的选项。

（2）NAOqi 处于静止状态且没有可用的有线和无线连接。然而，强制设定端口（9559）可以达到有线连接。

（3）使用虚拟机器人进行模拟。此时，LED 和传感器是无法实现的，只有动作控制是可能的。

2. 禁锢

禁锢（Enslaving）是指关节的锁定和解锁。在测试行为时，NAO 机器人可能会摆出过紧的姿势，在用户随机或手动调整机器人姿势时可以使用禁锢功能。有三种方法可以使用禁锢功能。

（1）从菜单栏中选择连接菜单中的"禁锢所有马达开/关"（Enslave all motor on/off），或者单击菜单窗口中的图像。

（2）单击 3DNAO 关节的关节设定下方的"禁锢链开/关"（Enslave chain on/off）。

（3）使用指令盒库中动作类的刚度（Stiffness）指令盒。

依据禁锢模式的状态，菜单窗口中的图像颜色会改变：

（1）绿色：取消禁锢模式，刚度值为 0，即便有指令，马达也不会动。

（2）黄色：设置为刚度值。

（3）红色：打开禁锢模式，刚度值为 1，马达会根据指令来动作。

值得注意的是，当关节长时间被禁锢时，机器人会消耗更多电力且机体温度可能会快速上升。

3．文件传输

Choregraphe 支持 NAO 机器人的 FTP 服务。为了使用这项服务，Choregraphe 和 NAO 机器人必须先进行连接。若选择连接菜单中的"文件传送"（File Transfer），则验证程序将会开始。输入 ID 和密码（nao 和 nao）连接到 NAO 机器人的预设文件夹（/data/home/nao），如图 3.23 所示。

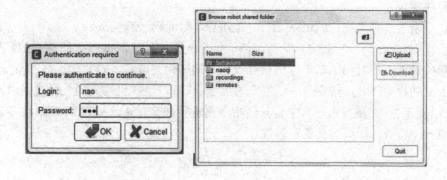

图 3.23　身份验证（左）和 FTP 服务中的文件夹列表（右）

3.2.8　指令盒

1．结构（Structure）

Choregraphe 的最大的特点在于它提供了图形编程。指令盒是在图形空间中使用的一个很重要的 Choregraphe 元素。图形编程是通过连接这些指令盒来完成的。Choregraphe 本身提供了约 70 个指令盒，用户也可以创建自定义的指令盒。

指令盒的配置包含输入、输出和参数等按钮，有些指令盒不具有输出或参数按钮。指令盒的接口如下：

（1）开始输入（onStartinput）：启动指令盒函数的输入，通常会连接其他指令盒所产生的信号。

（2）结束输入（onStopinput）：停止指令盒函数的输入。

（3）结束输出（onStoppedoutput）：输出指令函数结束时的结果值，通常作为其他指令盒的输入信号。

（4）读取输入（onLoadinput）：连接时间轴的内部盒子。当指令盒行为被实现时，时间轴的内部盒子会读取行为。

（5）连接至 ALMemory 的输入：连接到 ALMemory，传递内存的特定变量值。

（6）事件输入（onEventinput）：将外部数据传输至指令盒。

（7）实时输出（Punctuawoutput）：将指令盒中的数据输出。

（8）参数（Parameter）：设置指令盒参数。

指令盒的输入/输出使用不同的颜色来区分连接信号种类。Choregraphe 的信号和颜色使用形式如下。

（1）Bang：黑色，一般的输入/输出，它的信号不具有任何数据。

（2）数字（Number）：黄色，具有数字信息的信号。

（3）字符串（String）：蓝色，具有文字信息的信号。

（4）动态（Dynamic）：灰色，可以使用上述的三个信号。信号的种类会在信号被读取时决定。

指令盒有 4 种类型：Python 语言（Script）、时间轴（Timeline）、对话（Dialogue）和图表（Diagram），如图 3.24 所示。在脚本指令盒中编写 Python 代码使 NAO 机器人执行相关动作；在时间轴指令盒中通过设置时间序列关键帧上的关节状态，编排 NAO 机器人的动作；在对话指令盒中以特定的语法编写和 NAO 机器人的人机对话内容（具体见 5.1.1 节）；在图表指令盒中将其他指令盒进行嵌套封装，类似 Python 将多个函数封装成一个函数，提高项目的可读性。

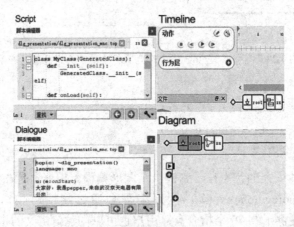

图 3.24　指令盒结构

与关节动作有关的编程必须使用时间轴。有些 Choregraphe 提供的指令盒可以同时使用这 4 种类型。

2．创建指令盒

用户可以创建新的指令盒来实现新的功能。此外，若要执行较复杂的程序，则势必会使用大量指令盒，而过多的指令盒同时在一个图表空间中出现会导致阅读困难，可以依据不同类型功能将程序进行分类来解决此类问题。将分类后的指令盒分别放置在相应主指令盒的图表中可以改善阅读困难及程序维护的问题。

此处以创建时间轴及图表指令盒为例，说明如何创建一个指令盒并设定其接口。

（1）在图表空间中右击，打开编辑菜单，如图 3.25 所示。选择"创建一个新指令盒"命令，会出现 4 种新指令盒的菜单，选择其中一个进行参数编辑。

图 3.25　编辑菜单

（2）可以通过设置新指令盒的对话框来设定新的指令盒，如图 3.26 所示。

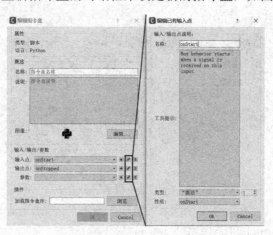

图 3.26　新指令盒的设置窗口

- 概述：设置指令盒的名称和说明。
- 图像：设置指令盒的形状，且最多可选择 4 个图像。
- 输入/输出/参数：设置指令盒的输入、输出及参数。在下拉列表右边有控制按钮，右边的删除按钮可以移除相对应的元素；中间的设置按钮可以打开 IO 说明（IO Description）的对话框，在该对话框中可以设置相对应的元素；左边的添加按钮可以新增元素并打开 IO 说明对话框。在新增一个参数后，新的参数键会增加至指令盒窗口的接口中。
- 属性：设置指令盒的种类，如图表、时间轴等。
- 插件：调用一些由 Choregraphe 提供的指令盒库。

- 输入/输出点说明：设置详细的输入、输出和参数的信息，设置元素的名字、叙述、信号种类和输入/输出类。信号种类和输入/输出类与前面介绍的完全一样。"类型"下拉列表右边的数值框中的数字表示数据的数量，若该数大于1，则信号会以数组的形式传输。

双击新的指令盒，会弹出新指令盒窗口，如图3.27所示。

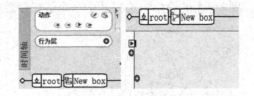

图3.27　时间轴指令盒（左）和图表指令盒（右）

3．使用指令盒库

在Choregraphe的指令盒库中有封装好的指令盒，只需要调整参数就可以直接调用。在指令盒库中搜索Say指令盒，在指令盒上有个扳手形状的图标，单击此图标进行参数的设置，如图3.28所示。

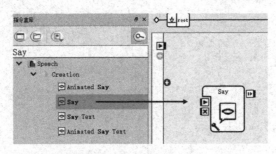

图3.28　调用指令盒库中的指令盒

3.2.9　基于事件和时间的编程

Choregraphe有两种方法可以设计NAO机器人的动作：一是基于事件（Event-Based）的编程，主要用于处理指令盒的放置和链接；二是基于时间（Time-Based）的编程，根据时间去定义机器人的关节动作。例如，NAO机器人跳舞可以用基于事件的编程来完成，图表可以随着时间的变化而产出，这表示可以同时使用基于事件和时间的编程。

1．基于事件的编程

在基于事件的编程中，最重要的是指令盒的放置和链接。指令盒是使用鼠标拖动的方式来放置的。在连接指令盒的输入/输出后，指令盒会成为一个程序。以说话（Say）指令盒为例，进行指令盒的编程练习。我们会使用两个说话指令盒去探索如何连接指令盒，并让 NAO 机器人执行动作，其具体步骤如下。

（1）从指令盒列表中选取说话指令盒并把其拖动到图表空间中，然后进行参数的设定，如图 3.29 所示。

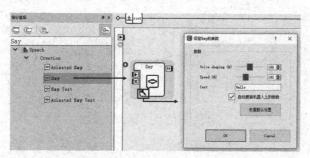

图 3.29　指令盒的放置和参数的设定

（2）在单击说话指令盒的设置按钮（扳手图标）后，在"Text"文本框中输入文字可以让 NAO 机器人读出这段文字。

（3）按照如图 3.29 所示的操作在图表空间中添加另一个说话指令盒，连接指令盒的输入和输出，如图 3.30 所示。当 NAO 机器人说完话后，会在说话指令盒的输出端产生一个信号，以传达说话指令盒执行完毕的信息，当该信号到达两指令盒间的连接线时，该连接线会由黑色变为绿色，表示程序已执行至此处。下面是对每个步骤的具体描述。

- 连接 U：将根基图表（Root Diagram）的开始输入端和第一个说话指令盒的输入端相连接。当 NAO 机器人开始执行程序时，图表的开始输入端会启动。若这两个输入/输出没有连接成功，则这个程序不会自动执行；若不需要程序自动执行，则可以双击第一个说话指令盒的开始输入端来执行整个程序。
- 连接 V：将第一个说话指令盒的输出端和第二个说话指令盒的输入端相连接。第二个说话指令盒会在第一个说话指令盒完成后自动执行。
- 连接 W：将第二个说话指令盒的输出端和根基图表的输出端相连接，当信号传输至图表的输出端时，表示整个程序执行完毕。

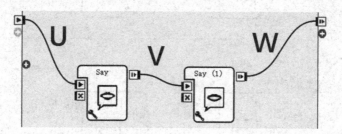

图 3.30　连接指令盒

（4）为了将在 Choregraphe 中创建的程序传递给 NAO 机器人，Choregraphe 必须先与 NAO 机器人连接。单击 Connect NAO 按钮（见图 3.31），打开"Browse robots"窗口，进而将 NAO 机器人连接至 Choregraphe 软件。

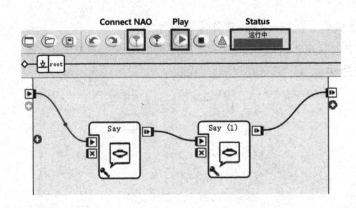

图 3.31　连接 Choregraphe 和 NAO 机器人

（5）在 Choregraphe 和 NAO 机器人连接后，程序必须发送到 NAO 机器人上并执行。单击 Play 按钮后，右边的绿色进度条会开始移动，进度条表示程序传输至 NAO 机器人上的进度。当绿色条充满时，表示程序已发送完毕，并开始执行。程序的传输速度与程序的复杂度有关，使用的指令盒越多，花费的时间越长。

（6）当 NAO 机器人接收到一个新的程序时，它会马上执行。图 3.32 所示的连接线 V 由黑色变为绿色，表示程序已经开始，第一个说话指令盒的终止信号输出到第二个说话指令盒的输入端。

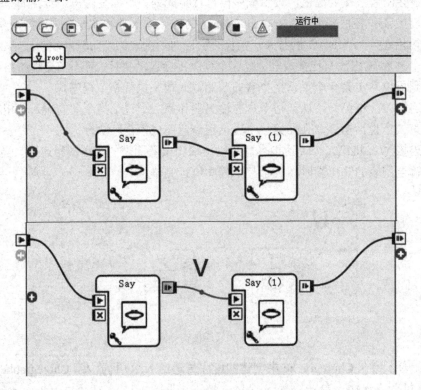

图 3.32　NAO 机器人说话程序的执行过程

2. 基于时间的编程

基于时间的编程主要用于一段时间中 NAO 机器人的动作变化，即用于设计并操作关节动作，这表示可以通过在每个动作帧中定义 NAO 机器人的各个关节姿态来完成程序。使用时间轴来编程不会定义每一个动作帧的姿态，只会定义某些特定动作帧的姿态。由两个动作帧所组成的关节动作通过连续定义动作来完成。新增时间轴指令盒及创造手臂动作是在时间轴的指令盒中设置的，如图 3.33 所示。

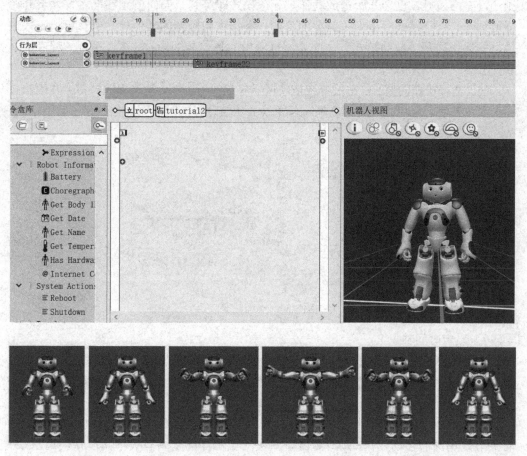

图 3.33　使用时间轴来创造动作

1）创建时间轴

在创建时间轴指令盒后双击该指令盒，弹出时间轴窗口，如图 3.34 所示。时间轴窗口的具体说明如下。

（1）动作。动作包含时间轴编辑器和播放按钮。使用时间轴编辑器可以定义每格动作帧的动作样式，单击播放按钮会开始动作的播放。

（2）行为层。行为层可以设置动作层，然后在动作层中设置关键帧。该关键帧类似一个图表指令盒，可以放置其他指令盒，用于在特定时间点上产生事件。关键帧图表的开始信号被设置于关键帧的起始帧（一个点）。

（3）在关键帧中右击可打开编辑菜单。该菜单可用来增加和删除关键帧、改变名称或设定起始帧，也可以使用鼠标拖动关键帧来设定起始帧。

（4）编辑时间轴对话框。在该对话框中设定动作播放的帧率、模式及资源。帧率表示每秒播放帧的数量，若提高帧率，则动作会变得更快。根据资源管理的设置，播放模式有被动模式、等待模式及积极模式。被动模式是一种基本模式，即使所需的资源还没有准备好，也会开始播放动作。等待模式即等到必需的资源都准备好才会开始播放动作。积极模式是指为了需要的资源，终止占用资源的其他行为的执行。一般来说，默认模式是"被动模式"。此处，资源指的是实现 NAO 机器人系统的程序的必要元素。

（5）选择想要的帧。单击鼠标或拖动鼠标来选择一段帧。被选择的帧将会在编辑按钮旁显示数字。绿色线表示第 0 帧，蓝色线表示被选择的帧，而红色线表示帧结束。

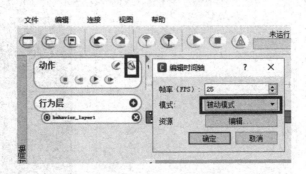

图 3.34　时间轴窗口

2）设定时间轴

使用编辑按钮设定时间轴，设定值包括帧率（FPS）、模式（Mode）、资源（Resource），帧率一般设定为 10，模式一般设定为被动模式，资源中的参数不需要修改。

3）生成准备动作

为了生成准备动作，选择帧 5 和 NAO 机器人的右臂。勾选镜像，镜像会让左/右关节做相同的移动，并在侦测器窗口中移动蓝色浮标来调节关节角度值，如图 3.35所示。在操作关节时，可以看到帧 5 中有一小段深灰色，这表示这个动作已在帧 5中被定义。在操作关节时，可以看到关节值旁边的圆圈变成红色，这表示相对应的关节已经被锁住。有时候用户必须选择是否锁住特定的关节。在设置完动作帧之后，机器人在按照动作帧顺序执行动作时，会使用插值法计算关节姿态，从而使执行的动作更加连续。举例来说，如果右肩的动作被定义在帧 20，但实际上右肩会从帧 1移动到帧 20，未被定义的动作帧的姿态是通过插值法实时计算的。如果将帧 1 到帧10 区间内的关节锁住，NAO 机器人将会在帧 10 到帧 20 之间插值，在帧 10 开始执行动作。

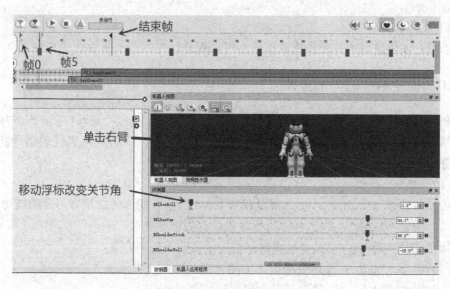

图 3.35　帧 5 的定义动作

　　更方便的一种方法是依照段落来储存关节信息。在已定义的帧上右击，弹出"储存关节至关键帧"菜单。在菜单中，全身（Whole Body）代表储存所有关节信息，头部（Head）代表储存头部关节信息，手臂（Arms）代表储存手臂关节信息，双脚（Legs）代表储存双脚关节信息。

　　4）定义相同动作

　　用同样的方法定义各帧的动作，如图 3.36 所示。当定义相同的动作时，可以复制粘贴现有的帧（动作已被定义），这样就不需要再一次重新调整关节。

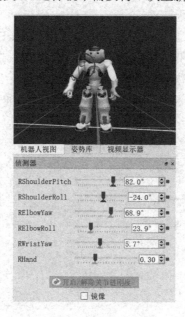

图 3.36　帧的定义动作

5）观察动作

单击时间轴窗口中的动作播放按钮，可以观察动作，判断是否合理并满足需求。

3.2.10 指令盒库的详细介绍

在一般的程序设计中，函数指的是一段独立执行某些特定功能的程序，指令盒的功能等同于函数。Choregraphe 的指令盒库提供 70 个左右、11 种不同类型的指令盒。指令盒资料库的配置如下。

（1）LEDs：提供可以控制 NAO 机器人的 LED 的指令盒。

（2）传感器（Sensors）：提供可以获取 NAO 机器人的传感器反馈信息的指令盒。

（3）逻辑（Logic）：提供可以用于逻辑运算的指令盒。

（4）工具（Tool）：提供可以调整其他指令盒输入的指令盒。

（5）数学（Math）：提供有关数学的指令盒及可以产生随机数的指令盒。

（6）动作（Motion）：提供许多不同动作的指令盒。

（7）行走（Walk）：提供可以走路的指令盒。

（8）声音（Audio）：提供可以输入/输出声音的指令盒。

（9）影像（Video）：提供可以使用相机来辨识物体的指令盒。

（10）通信（Communiction）：提供可以使用信箱、蓝牙和红外线通信装置的指令盒。

1．LEDs 数据库

Choregraphe 默认提供 5 个 LED 相关的指令盒，可以使用这些指令盒在 NAO 机器人上查看执行效果。

1）耳朵 LED（Ear LEDs）

耳朵 LED 指令盒及其参数窗口如图 3.37 所示。耳朵 LED 指令盒可以通过调整位置（左耳、右耳）、时间、亮度和角度来控制 LED。耳朵 LED 指令盒参数的含义说明如下。

（1）位置（Side）：选择控制的 LED（左耳、右耳）。

（2）亮度（Intensity）：调整 LED 颜色的亮度（0～100%）。

（3）持续时间（Duration）：调整 LED 打开时间的长短（0～5s）。

（4）角度（Angle）：调整 LED 的角度（0～360°）。

图 3.37　耳朵 LED 指令盒及其参数窗口

2）眼睛 LED（Eye LEDs）

眼睛 LED 指令盒及其参数窗口如图 3.38 所示。眼睛 LED 指令盒参数的含义说明如下。

（1）Side：选择控制的 LED（左眼、右眼、双眼，它会在一定禁锢时间内打开 NAO 机器人眼睛的 LED。

（2）Duration：调整 LED 打开时间的长短（0～5s）。

图 3.38　眼睛 LED 指令盒及其参数窗口

当双击眼睛 LED 指令盒时，会出现如图 3.39 所示的窗口，窗口内有颜色编辑（Color Edit）和 Eyes LEDs 两个指令盒。双击颜色编辑指令盒中的颜色，打开颜色选择窗口，可选择喜欢的颜色。图 3.38 的眼睛 LED 指令盒和图 3.39 的 Eyes LEDs 指令盒是不同的盒子。双击 Eyes LEDs 指令盒可打开脚本编辑器，而且可使用 Python 来编辑。

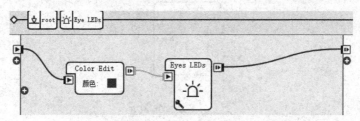

图 3.39　眼睛 LED 指令盒的内部构造

3）随机眼睛颜色（Random Eyes）

随机眼睛颜色指令盒如图 3.40 所示。随机眼睛颜色指令盒的 LED 颜色是随机选择的。颜色被设定为在特定的间隔时间后会改变，可以通过编辑脚本去改变时间间隔和颜色。

图 3.40　随机眼睛颜色指令盒

4）设置 LED（Set LEDs）

设置 LED 指令盒及其参数窗口如图 3.41 所示。设置 LED 指令盒参数的含义说明如下。

（1）LED 组（LEDs group）：选择控制的 LED（左耳、右耳、左脚、右脚等）。

（2）Intensity：调整 LED 颜色的亮度（0～100%）。

（3）Duration：调整 LED 打开时间的长短（0～60s）。

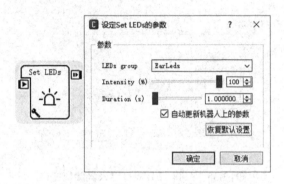

图 3.41　设置 LED 指令盒及其参数窗口

5）闪烁（Blink）

闪烁指令盒如图 3.42 所示。闪烁指令盒会使 NAO 机器人眼睛的颜色交替变化。

图 3.42　闪烁指令盒

2. 传感器数据库

NAO 机器人有很多种传感器，包括电池、缓冲器、脚步传感器等。传感器主要用于辨别障碍物、判断距离，以及感知 NAO 机器人与外界的相互作用等。如同 LED 一样，传感器的功能只能在实体 NAO 机器人上验证。

1）电池（Battery）

电池指令盒及其内部构造如图 3.43 所示。内部的低电源（isLow）指令盒有两个输入端，第一个是电池指令盒的输入端，第二个是连接至内存的低电源传感器。当电池的能量降低到一定的阶段时，电池指令盒的第二个输入端会启动。若机器人在极低电量的情况下做高强度、高耗电量的动作，则会增加机器人的损耗，提高故障率。在行走数据库中的无尽行走（Endless Walk）指令盒就是使用电池指令盒的范例。

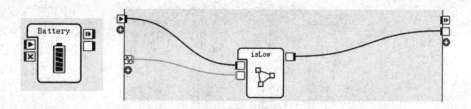

图 3.43　电池指令盒及其内部构造

2）缓冲器（Bumpers）

缓冲器指令盒及其内部构造如图 3.44 所示。缓冲器装在 NAO 机器人双足的前端，NAO 机器人可以通过缓冲器是否被挤压去辨别前方是否有障碍物，缓冲器指令盒的两个输出端会传输左脚、右脚有无被单击的数据。缓冲器指令盒的内部由两个判断语句指令盒组成，这两个盒子各自链接至左单击（Left Bumper Pressed）变量和右单击（Right Bumper Pressed）变量。若任一变量的值大于 0，则指令盒的输出为真（True）；若两个变量的值皆为 0，则指令盒的输出为假（False）。

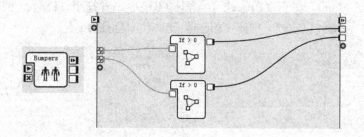

图 3.44　缓冲器指令盒及其内部构造

3）脚部接触（Foot Contact）

脚部接触指令盒及其内部构造如图 3.45 所示。NAO 机器人足部上的压力传感器（Force Sensitive Resistors，FSRS）用来判断脚部是否与地面有接触，压力传感器的位置如图 3.46 所示。根据脚底接触改变（Foot Contact Changed）变量的值，脚部接触指令盒会决定输出信号的位置。若脚部与地板接触，则信号会从第二个输出端发出；若没有接触，则信号会从第三个输出端发出。可以使用足部的压力传感器来判断 NAO 机器人是否跌倒，若发生跌倒情形，将会启动保护程序来进一步保护系统的安全。

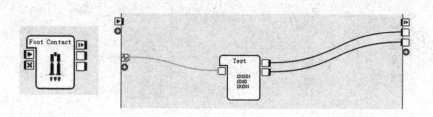

图 3.45　脚部接触指令盒及其内部构造

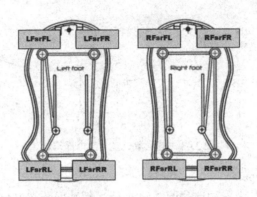

图 3.46　压力传感器的位置

4）机器人姿势（Robot Posture）

机器人姿势指令盒及其内部构造如图 3.47 所示。机器人姿势指令盒可以检测 NAO 机器人当前的姿势并产生字符串输出。输出端中的蓝色表示输出将会发送字符串信号，指令盒内部并没有其他的盒子。字符串提供的输出值包括未知（Unknown）、起立（Stand）、坐下（Sit）、蹲下（Crouch）、跪下（Knee）、青蛙蹲（Frog）、仰躺（Back）、卧躺（Belly）、左转（Left）、右转（Right）和转头（Head Back）等。

图 3.47　机器人姿势指令盒及其内部构造

5）声呐（Sonar）

声呐指令盒及其内部构造如图 3.48 所示。声呐指令盒利用装在 NAO 机器人胸口上的两个超音波传感器检测前方是否有障碍物。该指令盒有三个实时输出端，当两个超音波传感器均没有检测到障碍物时，指令盒上方的两个输出端会被激活，从而执行后续流程。当超音波传感器检测到障碍物时，蓝色的实时输出端会输出一串关于障碍物位置的信息。

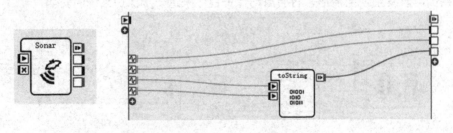

图 3.48　声呐指令盒及其内部构造

声呐指令盒中的实时输出端会和超音波传感器的变量相连接,即分别和左方无检测物(Sonar Left Nothing Detected)、左方检测物(Sonar Left Detected)、右方无检测物(Sonar Right Nothing Detected)、右方检测物(Sonar Right Detected)变量相连接。

6)头部触觉传感器(Tactile Head)

头部触觉传感器装在 NAO 机器人的头部且被分为三个部分。在用户接触 NAO 机器人的头部时,传感器会启动并产生各个传感器的接触信息。图 3.49 所示的头部触觉传感器指令盒下面的三个输出端分别显示前方、中间和后方的传感器是否被触碰。内部结构包括含有 Python 程序代码的判断语句指令盒,这个盒子会接收内存的数值,若数值大于零则启动输出端。图 3.49 右侧所示的这些盒子分别与前方接触传感器(Front Tactile Touched)、中间接触传感器(Middle Tactile Touched)和后方接触传感器(Rear Tactile Touched)变量相连接。用户可以使用这些传感器传递信息给机器人,如操作前进、停止、转向的动作。用户也可以通过是否启动传感器来创造任何动作行为。

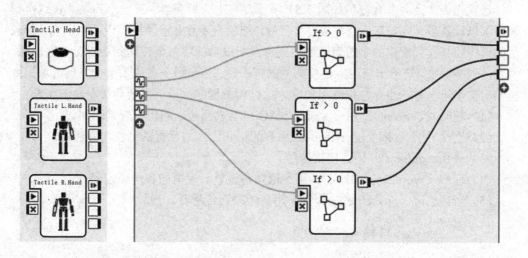

图 3.49　头部、手部触觉传感器指令盒及其内部构造

7)手部触觉传感器(Tactile Hand)

手部触觉传感器指令盒及其内部构造如图 3.49 所示。不同于头部触觉传感器,手部触觉传感器被安装在双臂上,但其输出端、功能和头部触觉传感器的输出端、功能相同。

8)跌倒检测(Fall Detector)

跌倒检测指令盒及其内部构造如图 3.50 所示。跌倒检测指令盒会判断机器人是否跌倒,并启动内部保护系统。在跌倒检测指令盒的内部图表中,等待指令盒和机器人已跌倒(Robot Has Fallen)变量相连接。在检测到机器人跌倒后等待指令盒会启动内部保护系统。为了更好地保护机器人,跌倒检测指令盒预设了延迟时间 0.5s。

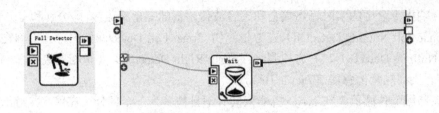

图 3.50 跌倒检测指令盒及其内部构造

3. 逻辑数据库

逻辑数据库提供具有循环和条件式等功能的指令盒,这些指令盒对于复杂的编程有很大的帮助。

1)选项(Choice)

选项指令盒及其参数窗口如图 3.51 所示。在选项指令盒内有一个列表,在这个列表中可以设置多个字符串。当与用户交互时,选项指令盒会检测用户表达的语句,若表达的语句能够和列表中的字符串匹配,则将匹配成功的字符串传递到相对应的输出端,并输出该字符串。该输出端可以连接其他的指令盒,当该指令盒输入端接收到选项指令盒输出的字符串时,指令盒按照用户需求执行相关程序。以下为选项指令盒的状态。

(1)超时(Timeout):用户没有给 NAO 机器人回应,超出了规定时间。

(2)无法理解(Not Understood):用户的语句无法与设置的列表内容匹配。

(3)停止(onStop):停止接收信号。

(4)理解(Word Recognised):用户语句与设置列表内的某一项匹配。

(5)触碰感应(onTactile Sensor):用户触碰到传感器。

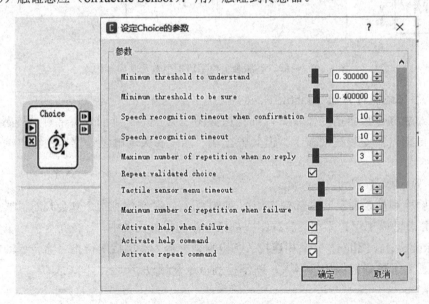

图 3.51 选项指令盒及其参数窗口

除语音识别之外也可以通过头部传感器来发出命令。前额接触传感器会增加文字的指数，而后方传感器会减少文字的指数。当指数发生改变时，与指数相对应的文字会被读取。中间传感器会将选择的文字当作命令去传递。双击指令盒，单击设置按钮，弹出如图 3.51 右侧所示的参数窗口，选项指令盒参数的含义说明如下。

（1）最低理解度阈值（Minimum threshold to understand）：设定语音识别最小的阈值（0～1）。

（2）最低肯定度阈值（Minimum threshold to be sure）：设定得到用户问题的答案的阈值（0～1）。若数值低于此阈值，则 NAO 机器人会再问一次问题。

（3）语音识别确认时间（Speech recognition timeout when confirmation）：设定决定语音辨识成功与否的时间。若语音识别在这段时间内完成，则 NAO 机器人会认定这次的语音识别是成功的。

（4）语音识别时间（Speech recognition timeout）：决定何时停止语音识别。

（5）最高无回应重复次数（Maximum number of repetition when no reply）：设定当用户没有响应时重复提问问题的次数（1～20 次）。

（6）重复确认文字（Repeat validated choice）：在选项指令盒结束之前重复确认的文字。

（7）头部触觉传感器时间（Tactile sensor menu timeout）：决定头部触觉传感器的有限时间。

（8）最高识识失败重复（Maximum number of repetition when failure）：当语言识别失败时决定重复提问问题的次数。

（9）启动失败提示（Activate help when failure）：决定当语音识别失败时是否启动小帮手。

（10）启动提示命令（Activate help command）：决定是否启动语音提示。当用户说"help"时，NAO 机器人会进行解释提示。

（11）启动重复命令（Activate repeat command）：决定是否重复语音提示的问题。当用户说"help"时，NAO 机器人会重复问题。

使用选项指令盒的范例如图 3.52 所示。问题会由文字编辑（Text Edit）指令盒输入。在选项指令盒上双击列表可以扩充列表的选项，单击文字旁的播放按钮可以听取文字的发音。在文字编辑指令盒中填入"hello"并执行程序，选项指令盒在收到 hello 字符串之后，在列表中寻找 hello 字符串，由于 hello 选项对应第二个输出端，此时从该输出端输出 hello 字符串，随后，NAO 机器人将执行后面 Hello 指令盒中的内容，比如向人类打招呼。

2）等待信号（Wait For Signal）

等待信号指令盒包括两个输入端和一个输出端，如图 3.53 所示。只有当两个输入端都有输入时才会启动输出端；若只有一个输入端接收到信号，则输出端不会被启动。而且，两个信号不必同时进来，它们会在启动输出时初始化。

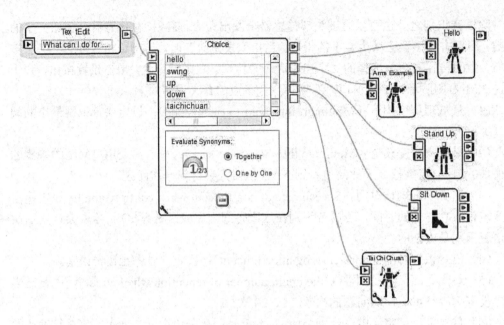

图 3.52　使用选项指令盒的范例

图 3.53　等待信号指令盒

图 3.54 所示是一个使用等待信号指令盒来确定左/右缓冲器是否被按下的范例。当两个缓冲器都被按下时，机器人会说一句话，用户可自行设置，可参考声音数据库的说话指令盒。

图 3.54　使用等待信号指令盒的范例

3）定时器（Timer）

定时器指令盒有两个输入端和两个输出端，如图 3.55 所示。周期（Period）是以秒为测量单位的定时器循环，设置范围是 0～5000s。当一个起始信号被传输至初始定时器指令盒时开始计时，在设定的时间周期过去后，第二个输出端将会产生一个信号。

图 3.55　定时器指令盒及其参数窗口

使用定时器指令盒的范例如图 3.56 所示，使用定时器指令盒定时，每 10s 输出语音"Ten Second"，在程序运行初始输出语音"Ten Second"后，它会每 10s 重复一遍。设置参数如下。

（1）定时器指令盒：设置周期为 10s。

（2）说话指令盒：输入文字"Ten Second"。

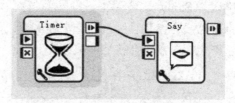

图 3.56　使用定时器指令盒的范例

4）等待（Wait）

等待指令盒有两个输入端和一个输出端，如图 3.57 所示。可设置等待一段时间，这段时间内不发送信号，输入/输出是黑色的，不能发送信息（如字符串、数字等）。参数超时（Timeout）指设定的时间延迟，范围为 0～5000s。在窗口中也可以设置取消时是否发送超时信息。

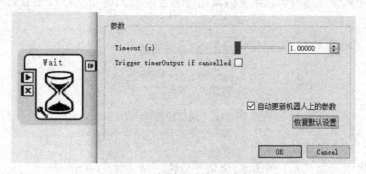

图 3.57　等待指令盒及其参数窗口

使用等待指令盒的范例如图 3.58 所示。在延时一段时间后，若接收到启动信号，定时器指令盒会立即输入/输出信号，启动说话指令盒，NAO 机器人说出参数内容。

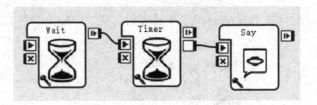

图 3.58　使用等待指令盒的范例

4．工具数据库

工具数据库提供了两个功能，一是用来产生基于时间的动作（框架的动作和框架的开始/停止），如工具库的指令盒可以在某一动作帧开始/暂停 NAO 机器人的动作；二是常数（constant）功能，在基于文字的程序语言中，用户可以定义常数以便使用特殊信息，Choregraphe 提供的常数包括角度、RGB 颜色、数字和字符串的信息，每个常数都有个指令盒。若没有使用常数指令盒，则必须编辑 Python 的脚本。

1）播放（Play）和停止（Stop）

播放指令盒和停止指令盒没有参数且都只有一个输入端，如图 3.59 所示。播放指令盒从当前帧开始播放，停止指令盒也会在当前帧停止。

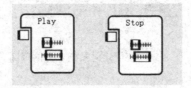

图 3.59　播放指令盒（左）和停止指令盒（右）

2）角度编辑（Angle Edit）

角度编辑指令盒包括一个输入端和一个输出端，如图 3.60 所示。用户可以通过选择度数或弧度来输入角度值。角度编辑指令盒会将输入的角度值转变成弧度值，然后输出该弧度值。

图 3.60　角度编辑指令盒

3）颜色编辑（Color Edit）

颜色编辑指令盒包括一个输入端和一个输出端，如图 3.61 所示。当用户从颜色编辑中选择一个颜色时需要打开调色盘。在调色盘中选择希望的颜色，该颜色信息将以 R、G、B 的形式送出。

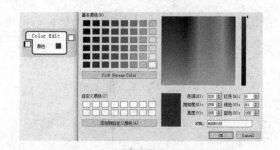

图 3.61　颜色编辑指令盒和调色盘

Eye LED 指令盒是一个图表指令盒，包括两个部分：颜色编辑指令盒和眼睛 LED 指令盒，如图 3.62 所示。选择的颜色信息将以 R、G、B 的形式发送，眼睛 LED 盒中的输入端会以数字数组的形式接收这三个信号，图 3.62 所示的颜色编辑指令盒输出的 [0，81，255]就是一个数字数组。

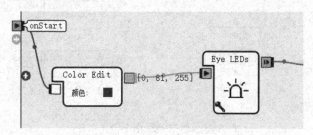

图 3.62　颜色编辑指令盒使用示意图

4）数字编辑（Number Edit）和文字编辑（Text Edit）

数字编辑指令盒和文字编辑指令盒均包括一个输入端和一个输出端，如图 3.63 所示。数字编辑指令盒会产生数字信号，而文字编辑指令盒会生成文字信号。

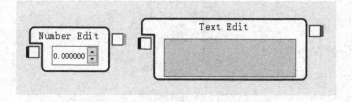

图 3.63　数字编辑指令盒（左）和文字编辑指令盒（右）

5. 数学数据库

数学数据库提供数学相关的指令盒，如除法指令盒、乘法指令盒、随机整数指令盒等，但并未提供加法指令盒、减法指令盒。

1）除法（Divide）

除法指令盒有两个输入端和一个输出端，如图 3.64 所示。输入/输出的色彩表示三个输入端/输出端都发送和接收数字信号。除法指令盒使用输入的两个数字进行除法，然后产生结果。第一个指令盒 Number Edit 是被除数，第二个指令盒 Number Edit(1)是除数。

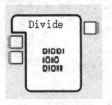

图 3.64　除法指令盒

使用除法指令盒的范例如图 3.65 所示。当除数为 0 时，会产生错误。

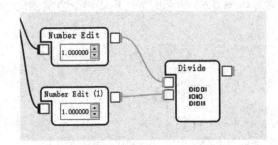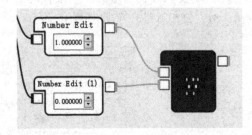

图 3.65　使用除法指令盒的范例

2）乘法（Multiply）

乘法指令盒有两个输入端和一个输出端，如图 3.66 所示。乘法指令盒使用了输入的两个数字来执行乘法，然后产生结果。

图 3.66　乘法指令盒

3）随机整数（Random Int.）

随机整数指令盒有一个输入端和一个输出端，如图 3.67 所示。随机整数指令盒产生随机整数，最小值是 0，最大值由参数决定，是以 0 到 1000 为范围的随机整数的最大值。洗牌（Shuffle）功能会提高随机整数的复杂性。随机整数指令盒只会被启动一次，如果想要多次产生随机整数，可以使用计时器指令盒或循环指令盒来不断产生随机整数。

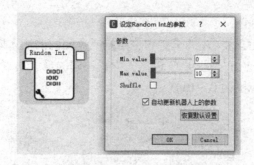

图 3.67　随机整数指令盒及其参数窗口

4）随机浮点数（Random Float）

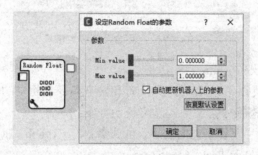

图 3.68　随机浮点数指令盒及其参数窗口

随机浮点数指令盒具有一个输入端和一个输出端，如图 3.68 所示。与随机整数指令盒不同的是，这个指令盒使用浮点数而不是整数，并且没有洗牌功能。

最小值通过调整最小的值（Min Value）来设置，范围是 0～1000。

最大值通过调整最大的值（Max Value）来设置，范围是 1～1000。

6. 动作数据库

动作数据库包括简单的已经编好固定动作的指令盒，提供坐下、站立、指定姿态、刚度、太极拳指令盒等，其中坐下、站立指令盒的使用频率较高。

1）坐下（Sit Down）

坐下指令盒有两个输入端和两个输出端（Success、Failure），如图 3.69 所示。在坐下指令盒收到信号后，NAO 机器人执行成功会坐下，信号会从 Success 输出端输出，若失败则反之。

图 3.69　坐下指令盒

2）站立（Stand Up）

站立指令盒提供站立姿势，并具有和坐下指令盒相同的输入/输出及参数，如图 3.70 所示。参数 Maximun of tries 是 NAO 机器人尝试站起的最大次数，直到成功站起为止，参数值默认为 3 次，范围为 0～10 次。

图 3.70　站立指令盒及其参数窗口

3）指定姿态（Goto Posture）

指定姿态指令盒提供 8 种姿势，并具有和坐下指令盒相同的输入/输出及参数，如图 3.71 所示。指定姿态指令盒参数的含义说明如下。

（1）名字（Name）：设置姿态的名字，可选参数有 Crouch、LyingBack、LyingBelly、Sit、SitRelax、Stand、StandInit、StandZero。

（2）速度（Speed）：NAO 机器人执行动作的速度。

（3）尝试的最大次数（Maximum of tries）：在最大次数内，执行设置的姿态直到成功。

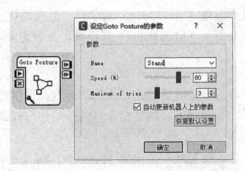

图 3.71　指定姿态指令盒及其参数

4）刚度（Set Stiffness）

刚度指令盒提供禁锢和取消禁锢的功能。禁锢和取消禁锢为电机的锁定和解锁。刚度是指锁的力，表示多大的力将被应用到给予执行指令的马达上。当 NAO 机器人休息或断电时，所有关节的刚度皆为 0，用户也可以设置每一个电机的刚度。

当刚度为 0 时，即使有命令关节也不会移动，当刚度为 1 时，所有可用的力都将被用来执行命令。刚度越大，电池的使用量越大，而由于外部冲击所造成关节磨损的风险也越大。

刚度指令盒包括一个输入端和一个输出端，如图 3.72 所示。在信号传输开始时会将刚度设置到最大值，而在停止时会将其设置到最小值。刚度指令盒参数的含义说明如下。

（1）头部、左臂、右臂、左腿、右腿（Head、Left arm、Right arm、Left leg、Right leg）：刚度被使用的部位。

（2）电机刚度（Motors stiffness）：信号传输从开始到停止范围内的电机刚度值（0～100%）。

（3）Duration：刚度启用的时间长短（0～10s）。先前的刚度值将被使用。

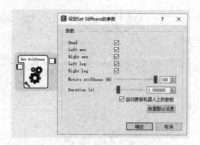

图 3.72　刚度指令盒及其参数窗口

5）太极拳（Tai Chi Chuan）

太极拳指令盒（见图 3.73）定义了 NAO 机器人打太极拳的动作，其内部构造如图 3.74 所示。太极拳指令盒本身是一个时间轴指令盒，时间轴上每一帧都是一个固定的动作。

图 3.73　太极拳指令盒

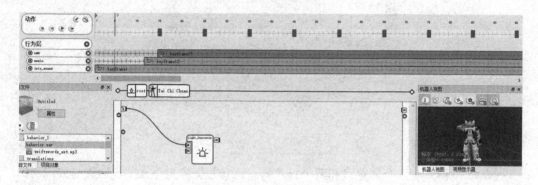

图 3.74　太极拳指令盒的内部构造

7. 行走数据库

让 NAO 机器人使用基于时间轴的编程方法步行是相当艰巨的任务。行走数据库中包含许多关于行走的指令盒。

1）行走（Move To）

行走指令盒包括两个输入端和两个输出端，如图 3.75 所示。行走指令盒参数的含义说明如下。

（1）Distance X：决定向前或向后的方向。单位是 m，范围是-5～10m；负数表示向后，正数表示向前。

（2）Distance Y：决定向左或向右的方向。单位是 m，该值范围是-5～5m；负数表示向右，正数表示向左。

（3）Theta：决定旋转的方向。单位是 deg（°），范围是-180°～180°；负数表示向右转，正数表示向左转。

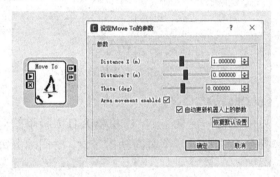

图 3.75　行走指令盒及其参数窗口

2）轨迹行走（Move Along）

轨迹行走指令盒如图 3.76 所示，在参数中添加后缀是.pmt 的路径文件，NAO 机器人会沿着这条轨迹行走。

图 3.76　轨迹行走指令盒及其参数窗口

8. 声音数据库

NAO 机器人有四个麦克风和两个扬声器。声音数据库是 NAO 机器人与人沟通的重要媒体，提供不同的功能来与人类交流。

1）音量设定（Set Speaker Vol）

音量设定指令盒（见图 3.77）可以设定音量的大小，参数 Volume 是指音量百分比，0 表示静音，100%表示最大音量。

图 3.77 音量设定指令盒及其参数窗口

2）语言设定（Set Language）

语言设定指令盒（见图 3.78）可以设定 NAO 机器人使用的语言。目前，可以使用的语言有英语、法语、德语、意大利语、日语、韩语、葡萄牙语和西班牙语等。

图 3.78 语言设定指令盒及其参数窗口

3）播放音乐（Play Sound）

播放音乐指令盒（见图 3.79）可以播放音频文件，支持的文档包括.wav、.mp3 和.ogg。播放音乐指令盒参数的含义说明如下。

（1）文件名称（File name）：选择需要播放的音乐文件，不能有中文路径。

（2）起始位置（Begin position）：音频值会从设定的位置开始，最大值为 600s。

（3）音量（Volume）：音频文件的音量，范围为 0～100%，且预设为 100%。

（4）均衡（Balance）：左/右音量比率，范围为-1～1，-1 代表只有左边的扬声器启动，1 代表只有右边的扬声器启动，预设为 0。

（5）重复播放（Play in loop）：重复播放功能，默认值为重复播放一次。

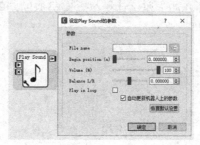

图 3.79 播放音乐指令盒及其参数窗口

音乐指令盒包括一个音乐文件（Music File）指令盒和一个播放音乐（Play Music）指令盒，如图 3.80 所示。音乐文件指令盒用来决定想播放的音乐文件的位置，播放音乐指令盒使用扬声器播放该音乐文件。

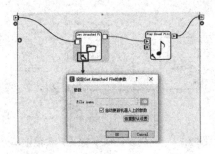

图 3.80　音乐指令盒的内部设定

4）说话（Say）

说话指令盒（见图 3.81）可以让 NAO 机器人读出特定的文字或句子。说话指令盒参数的含义说明如下。

（1）声音塑形（Voice shaping）：声音的高低值，范围为 50%～150%，预设为 100%。值越低声音越低，男性声音建议设为 75%。

（2）Speed：说话速度的百分比，范围为 50%～200%，预设为 100%。值越低说话速度越慢。

（3）文字（Text）：让 NAO 机器人读出的字符串或文字，不须使用双引号。

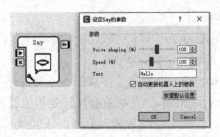

图 3.81　说话指令盒及其参数窗口

5）说出文字（Say Text）

说出文字指令盒（见图 3.82）和说话指令盒有类似的功能，但是前者的输入参数为文字。

图 3.82　说出文字指令盒及其参数窗口

图 3.83 所示为使用说话指令盒及说出文字指令盒的范例。当障碍物出现时，声呐指令盒的最后一个输出端会以字符串的形式输出障碍物的位置。当使用说话指令盒时，必须使用 Switch Case 指令盒来判别左右，而两个说话指令盒必须设置需要说出的文字。然而当使用说出文字指令盒时，可以直接读取声呐指令盒传来的文字字符串。

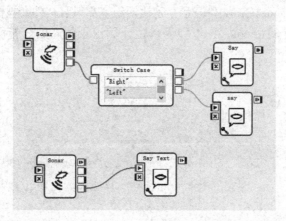

图 3.83　使用说话指令盒（上）及说出文字盒（下）的范例

6）语音识别（Speech Reco.）

语音识别指令盒（见图 3.84）用来判断麦克风产生的语音是否符合设定的文字。该指令盒包括两个输入端和三个输出端。第一个输出端在语音识别开始时启动；第二个输出端在语音识别成功时输出相符的文字；第三个输出端在没有识别到相应的文字时被触发。语音识别指令盒参数的含义说明如下。

（1）文字列表（Word list）：用来辨识的文字，使用分号来分隔文字。

（2）阈值（Confidence threshold）：表示辨识精准度的数值。若辨识的文字准度低于阈值，则判别该文字为无法辨识的文字。数值范围为 0～10%，而且默认值为 40%。

（3）单词定位（Enable word spotting）：决定是否在语音识别时对意群进行划分。

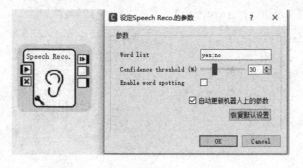

图 3.84　语音识别指令盒及其参数窗口

7）录音（Record Sound）

录音指令盒有两个输入端和一个输出端（见图 3.85），会录下 NAO 机器人听到的声音。录音指令盒参数的含义说明如下。

（1）File name：储存记录音频文件的文件名。音频文件会被储存在"/data/home/nao"文件夹中。

（2）麦克风使用（Microphones used）：NAO 机器人有四组麦克风，"Front head microphone only(.ogg)"表示仅使用前方麦克风且文件会被储存成.ogg 格式；"Front, sides and rear head microphones(.wav)"表示会使用四组麦克风且文件会被储存成.wav 格式。

（3）记录时间（Timeout）：以秒为单位计算记录的时间。范围为 0~60s，预设为 5s。

图 3.85　录音指令盒及其参数窗口

8）声音定位（Sound Location）

声音定位指令盒会检测附近的声音和产生音源的角度，包含两个输入端和三个输出端，如图 3.86 所示。第一个端出端同其他指令盒一样，不输出结果，只表示该指令盒中的程序已执行完；第二个输出端（Sound Location）产生两个弧度值来表示音源，第一个弧度值为方位角，第二个弧度值为仰角；第三个输出端（Head Position）含有有关头部角度的六个值，前三个值表示头部位置，后三个值表示头部旋转的角度。声音定位指令盒参数的含义说明如下。

（1）信赖阈值（Threshold to be sure of the location）：分辨声音是否会发生的预设值，范围为 0~100%，且默认值为 50%。

（2）声音强度（Volume sensitivity）：范围为 0~100%。

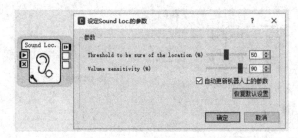

图 3.86　声音定位指令盒及其参数窗口

9．影像数据库

NAO 机器人有拍摄前方的摄影机和拍摄下方的摄影。NAO 机器人的视觉系统被设定成由摄影机来取得必需的影像信息。Choregraphe 提供的影像数据库包含使用视觉系统的指令盒。

1）摄影机选择（Select Camera）

摄影机选择指令盒可以选择启动的摄影机，包含两个输入端和一个输出端，如图 3.87 所示。第一个输入端启动拍摄前方的摄影机，第二个输入端启动拍摄下方的摄影机。

图 3.87　摄影机选择指令盒

2）脸部检测（Face Detection）

脸部检测指令盒会使用摄影机来检测脸部及产生辨别人数，包含两个输入端和三个输出端，如图 3.88 所示。第二个输出端产生被检测到的人脸数，而第三个输出端在没有检测到人脸的时候会被启动。

内部的人脸计数指令盒会从内存中读取检测人脸（Face Detected）变量。检测人脸变量的大小会用来计算人脸的数量。

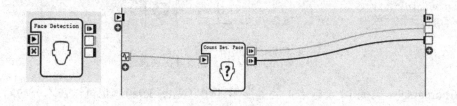

图 3.88　脸部检测指令盒及其内部设定

3）脸部学习（Learn Face）

脸部学习指令盒（见图 3.89）有一个输入端和两个输出端，第一个输出端输出成功（onSuccess），第二个输出端输出失败（onFailure）。该指令盒会学习人脸特征，脸部数据被加入至数据库中。若脸部数据成功地加入数据库，则眼睛的 LED 颜色会变成绿色；若失败则变成红色。

图 3.89　脸部学习指令盒

4）脸部辨识（Face Reco.）

脸部辨识指令盒（见图 3.90）使用摄影机和数据库中的脸部数据来辨识脸部。脸部辨识指令盒可以辨认出每张脸属于谁（如果数据库中有该数据）。当脸部辨识成功，第二个输出端会输出姓名。若有数张脸被辨识出来，姓名会依序输出。

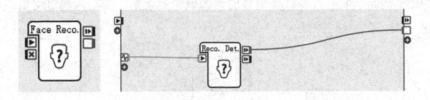

图 3.90　脸部辨识指令盒及其内部设定

5）NAOMark

NAOMark 指令盒可以辨认出已定义的标志，包含两个输入端和三个输出端，如图 3.91所示。若辨认出标志，则标志的数字会从第二个输出端输出；若没有分辨出标志，则启动第三个输出端。

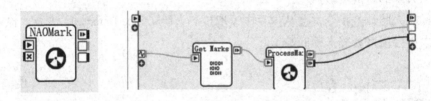

图 3.91　NAOMark 指令盒及其内部设定

Choregraphe 提供 10 个标志，此处展示 4 个（见图 3.92），也可以在本书的附录 A中查找 NAOMark 并打印出来。

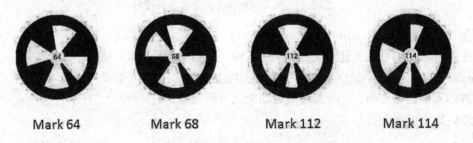

Mark 64　　　　Mark 68　　　　Mark 112　　　　Mark 114

图 3.92　已定义的标志和数字

6）视觉辨识（Vision Reco.）

视觉辨识指令盒（见图 3.93）会比较摄影机得到的影像和储存在数据库中的影像来辨别物体的存在。视觉辨识指令盒的数据库和脸部辨识指令盒的数据库不同，视觉辨识指令盒的数据库可以用前文提过的影像监控来建立。该指令盒包含两个输入端和三个输出端。若成功辨识出物体，则第二个输出端会输出物体的名字；若物体不存在于数据库中，则启动第三个输出端。

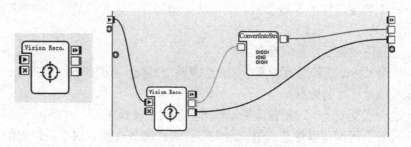

图 3.93　视觉辨识指令盒及其参数窗口

图 3.94 所示为如何使用影像监控来建立数据库及如何使用视觉辨识指令盒来辨识翻盖手机是否打开或关上。图 3.95 所示为如何使用影像监控来截取影像和注册影像内的对象，使用影像监控建立数据库的步骤如下：

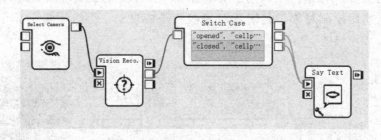

图 3.94　使用视觉辨识指令盒的范例

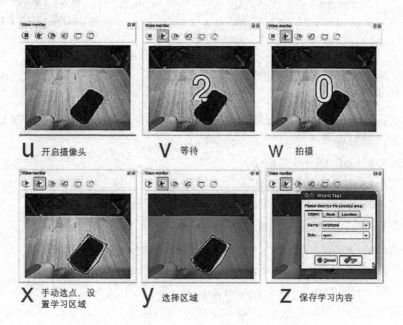

图 3.95　使用影像监控来截取和注册图像内的对象

（1）使用摄影机选择指令盒来选择拍摄下方的摄影机。

（2）按下影像监控的播放按钮，会出现从 NAO 机器人的摄影机截取的影像。

（3）按下影像监控的学习按钮，会产生一个 5s 的延迟，是正在截取一个稳定的影像。

（4）当延迟结束后，画面会停止。

（5）使用鼠标来选择对象轮廓，建议选择整个对象。若选择的区域过窄，则采集的信息会出现信息不足的情况。

（6）当轮廓变成一个封闭曲线后，学习区域就会被锁定。

（7）有三个区域可以注册：书、对象和位置在此处注册了对象。注册的物体被储存在 Choregraphe 的数据库中。按下传递按钮，Choregraphe 的数据库会被传输给 NAO 机器人。

图 3.96 左侧所示是一个执行范例结果。当成功检测到对象时，将会看到 "[" closed " , " cellphone "]" 从视觉辨识指令盒的第二个输出端输出。

前文介绍的监视器程序可以用于检验 NAO 机器人影像的处理结果。图 3.96 右侧所示是使用监视器检测对象，且确认对象检测是成功的，因为手机上显示 "closed" "cellphone"。

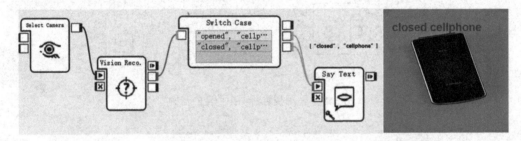

图 3.96　执行范例结果（左）和使用监视器来检测对象（右）

10．通信数据库

通信数据库发送和接收 E-mail。因为使用信箱服务器会影响发送和接收 E-mail，所以需要设置信箱服务器。

1）寄送 E-mail（Send E-mail）

寄送 E-mail 指令盒（见图 3.97）用来发送 E-mail。若 E-mail 成功发送则会启动输出端。寄送 E-mail 指令盒参数的含义说明如下。

（1）来自/发送给（From/To）：输入 E-mail 发送人/接收人的地址。

（2）密码（Password）：输入发送人的 E-mail 服务器的密码。

（3）标题（Subject）：输入 E-mail 的标题。

（4）内容（Contents）：输入 E-mail 的内容。

（5）附加文档（Attachment）：输入附加文档的路径。

（6）SMTP 地址（SMTP address）：输入信箱服务器的 SMTP 地址。

（7）端口号码（Port number）：输入 SMTP 端口号码。

图 3.98 所示为 NAO 机器人如何发送 E-mail。

图 3.97　寄送 E-mail 指令盒及其参数窗口

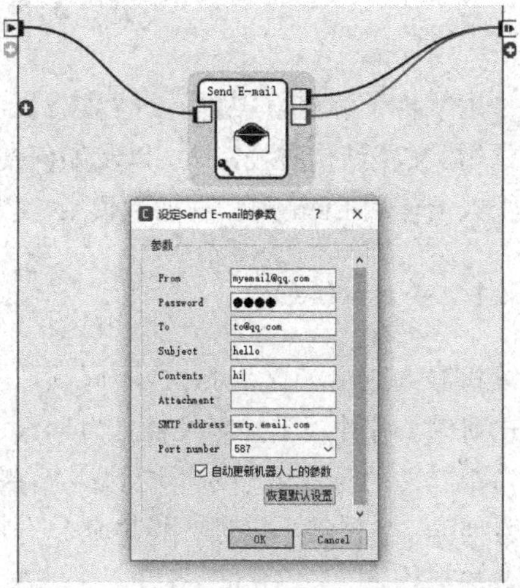

图 3.98　发送 E-mail

2）收取 E-mail（Fetch E-mail）

收取 E-mail 指令盒（见图 3.99）用来接收 E-mail。接收到的 E-mail 被储存成许多格式，最常见的是文本文件（.txt）、网页文件（.html）、图片文件（.jpg）和音频文件（.wav）。收取 E-mail 指令盒参数的含义说明如下。

（1）E-mail 地址（E-mail address）：输入收件人的地址。

（2）密码（Password）：输入收件人 E-mail 账户的密码。

（3）POP 地址（POP address）：输入接收信箱服务器的 POP 地址。

（4）端口号码（Port number）：输入 SSL 端口号码。

图 3.99　收取 E-mail 指令盒及其参数窗口

如果在收到 E-mail 后将鼠标光标放置于输出端上，有关 E-mail 的信息将会出现在底部。E-mail 会被储存在"/var/volatile/tmp/"中。若使用 WinSCP 的 FTP 程序，可以在计算机上读取储存在 NAO 机器人文件夹中的 E-mail。

3.3 NAOqi

本节将讲解 NAO 机器人的基础 NAOqi 系统。其中，包括 NAOqi 的术语定义、框架结构、文档结构和经济人，以及如何使用 NAOqi 控制 NAO 机器人，探讨如何在 NAO 机器人上使用 Linux、C++加载模组，以及在特定时间内接收到多指令时如何执行。

3.3.1 关于 NAOqi

机器人应用广泛，可完成不同领域各种各样的任务，因此许多领域均已开展对机器人的研究。各种用于控制及操控机器人的框架比机器人数量还多。框架有多种属性，根据每个属性的特性可分为不同的类。有些框架是面向对象的，而有些框架以整合与自动化导向为主。框架可以进一步地划分为特定的编程语言结构及用于特殊目的（如实时处理）的架构。

OROCOS（开放式机器人控制软件）、YARP（开源自主无人操作系统）及 URBI（通用实时行为接口）是目前一些广为人知的框架。

NAOqi 是一个专门为使用 NAO 机器人而制定的框架，包括平行处理（Parallel Processing）、资源、同步和事件处理等基本机器人需求。NAOqi 类似于其他的框架，使用一般层进行构造，区别在于一般层是在 NAO 机器人中被创建且在 NAO 机器人中被处理，这种方法对于控制机器人来说是完美的。在 NAOqi 中还可以使用 ALMemory 分享信息及编程，以及在均质模块互相沟通，如动作、音频及多用途的影像等。

NAOqi 是一个在 C++中创建的 SDK，它包含了模拟执行，在 Choregraphe 中声明 Python 或 C++，在 Python 中声明 C++函数，以及编程、仿真、控制等功能。

3.3.2 NAOqi 术语定义

一般使用在 NAOqi 中的术语定义如表 3.7 所示。

表 3.7 一般使用在 NAOqi 中的术语定义

术　　语	定　　义
经纪人（Brover）	经纪人是用来接收并执行从特定的 IP 地址和端口传来的命令的程序。 NAOqi 被称为 main brover，而 Audio Out（TextToSpeech）则是一个连接到 NAOqi 的独立经纪人
模块（Module） （ALModule 的特别类）	模块是一个包括机器人动作（如运动、TextToSpeech、LED 等）功能的类。从 $AL_DIR/modules/lib/autoload.ini 中被声明的数据也称作模块。当从 NAOqi 中声明数据时，模块对象会系统初始化模组，移植连接经纪人
代理人（Proxy）	代理人是用来存取模块的，为了从模块中声明函数，必须创建模块的代理人

续表

术　语	定　义
CMave	NAOqi 中的一种代码编译工具
遥控（Remote）	遥控是指在其他可执行模块中执行的函数
交叉编译（Cross compile）	编译机器人中使用的模块
Choregraphe	Aldebaran 工具用于创建上层动作
监视器（Monitor）	Aldebaran 工具用于可视化 NAO 机器人的摄像头、内存等
关键区域（Criticawsection）	两个线程共用的程序代码
抽出器（Extractor）	将 NAO 机器人的传感器值转换成可在 NAO 机器人内存中使用的数据
ALMemory	NAO 机器人的内存可以被所有内部模块、远程模块及其他 NAO 机器人存取
LPC	本地过程调用（Local Procedure Call）
IPC	内部程序通信（Inter-Process Communication）
IPPC	内部过程调用（Inter-Process Procedure Call）
RPC	远程过程调用（Remote Procedure Call）
智能指针（Smart pointer）	内存自动移除与删除指针
互斥锁（Mutex）	管理的关键区域

3.3.3　NAOqi 结构

本节将介绍有关 NAOqi 的结构理论。

1．框架结构

定义组件分配和模块的作用，并解释它们的互动方式。NAOqi 的框架结构如图 3.100 所示。

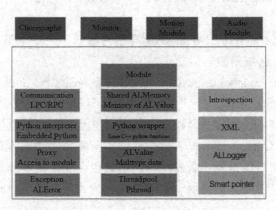

图 3.100　NAOqi 框架结构

NAOqi 框架结构使用 Choregraphe、监视器、动作模块（Motion Module）和音频模块（Audio Module）互相传递信息。NAOqi 的执行是通过经纪人传递信息和命令。下面介绍配置 NAOqi 结构的不同元素。

（1）模块（Module）：模块是使用 ALModule 中的函数 API 来获取信息或控制各个

模块的类或数据库。

（2）通信（Communication）：通信会使用本地过程调用（Local Procedure Call）或远程过程调用（Remote Procedure Call）来连接至 NAO 机器人并交换信息。

（3）ALMemory：ALMemory 是机器人的内存模块。任何其他模块都可以使用或读取该模块中的数据，并且可以监控事件。ALMemory 可以对事件进行监控。ALMemory，是 ALValue 的数组。

（4）内观（Introspection）：内观是监控机器人 API 的函数，包括内存容量、监控及动作的状态等。机器人可以辨认所有 API 函数。此外，在释放数据库后会自动地删除有关的 API 函数。在模块中定义的函数可以使用 BIND_METHOD，API.BIND_METHOD 在 almodule.h 中定义。

（5）Python 直译器（Python interpreter）：Python 直译器用于直译及处理 NAOqi 中的 Python 指令。

（6）Python 包装（Python wrapper）：Python 包装可以在 C++和 Python 中使用相同名称的函数。

（7）XML：XML 用来保存兼容的数据形式。

（8）代理人（Proxy）：将所有 Aldebaran 模块模块化。用户可以要求代理人找到相对应的模块，而不是直接引用其他模块文件。若模块不存在，则会发生例外（Exception）。用户可以要求两个独立的经纪人——mainBrover（本地声明）和 myBrover（远程声明）的代理人声明相对应的函数或模块。

（9）ALValue：为了兼容，一些 NAOqi 的模块或方法以特定的数据类型被储存于 ALValue 中。

（10）记录（ALLogger）：ALLogger 使用基于网络的 SSH 或机器人来寻找软件信息或记录。

（11）例外（Exception）：NAOqi 的所有错误都基于例外处理。例外会将所有用户的命令使用 try-catch 区块封装后再处理。

（12）线程池（Threadpool）：NAOqi 模块被设置为在线程之间不会有任何干扰，但是在使用模块生成器的模块中可能会产生干扰。虽然可以平行调用模块中的函数，但是用户必须确保当函数执行时在线程之间不会有干扰。用户可以使用关键区域来保护这个函数。

（13）智能指针（Smart pointer）：智能指针是一种帮助动态内存管理的类（Class）。即使用户不需要使用智能指针，所有结构的函数也会通过智能指针返回值。类结构不是私有的，用户可以创造一个使用一般指针的代理人（必须包含相对应的目录，如新增或移除）。

2. 文档结构

NAOqi 结构包含各种不同的函数与复杂的处理程序（平行处理、数据处理等），可以控制机器人，以及使用许多数据库。下面将介绍用于设置 NAOqi 的资料库及各库的头文件。

（1）TinyXML：用于管理 XMlconfig 文件的数据库。

（2）Libcore：有基本函数（类、智能指针、错误）的库。Libcore 头文件的设置如表 3.8 所示。

表 3.8　Libcore 头文件的设置

设　置	功　能
alerror.h	参考 alerror.h 生成 ALError
alnetworverror.h	参考 alnetworverror.h 生成一个网络错误
alptr.h	参考 alptr.h 使用 Boost 智能指针封装
alsignal.hpp	参考 alsignal.hpp 使用 Boost 信号封装
altypes.h	参考 altypes.h 使用 NAOqi 类

（3）Libtools：管理时间和文档的库。Libtools 头文件的设置如表 3.9 所示。

表 3.9　Libtools 头文件的设置

设　置	功　能
alfilesystem.h	参考 alfilesystem.h 封装 Boost 文件系统
tools.h	转换函数的文件头

（4）Libfactory：为开发人员创造的并行程序代码，根据每个函数的名称初始化对象（请参阅工厂设计模式）。

（5）Libsoap：提供网络服务。

（6）Rttools：管理装置之间实时通信工具。

（7）Libaudio：提取音频。

（8）Libvision：图像处理函数及图像和屏幕定义。

（9）Libthread：有关 pthread 的封装，Libthread 头文件的设置如表 3.10 所示。

表 3.10　Libthread 头文件的设置

设　置	功　能
alcriticaltrueiflocved.h	pthread 关键区域的封装。NAOqi 在线程之间没有任何的干扰或限制；必要的话，客户端用程序必须以多线程管理；互斥锁不会阻挡不是从关键区域中产生的线程
alcriticalsection.h	pthread 关键区域的封装。只有创建关键区域的程序可以进入这个区域
almutexread	读取与写入互斥锁
almutex.h	互斥锁的封装
altasv.h	线程池执行任务。任务是在 altasv 中创建的，但可以加入到线程池中
alcriticalsectionwrite	写入关键区域
alcriticalsectionread	读取关键区域
almonitor.h	调整线程池的大小

（9）Alcommon：定义一般的 NAOqi 模块、代理人和经纪人的表头档，Alcommon 头文件的设置如表 3.11 所示。

表 3.11 Alcommon 头文件的设置

设　置	功　能
albrover.h	所有可执行模块在 main.cpp 中创建了不止一个经纪人，经纪人等待 http 的要求或从 pc 应用的远程 C++ 要求
alfunctor.h	指针管理
almodule.h	ALModule（包含函数的模块）定义
alproxy.h	启用创建的模块中的代理人，并声明界定函数。若函数位于同一个可执行模块，则代理人会选择最快的本地声明；若函数位于另一个可执行模块，则代理人会选择较慢的远程声明
alsharedlibrary.h	管理动态载入库（一个在程序开始以外的时间加载的数据库）
alsingleton.h	单列设计模式，在特定的类中只有一个对象
altasvmonitor.h	用于查看任务是否在执行、结束，或等待被关闭的任务监视器
althreadpool.h	线程池管理线程清单

（10）Liblauncher：管理设定于 NAO 机器人启动时开始的 autoload.ini，Liblauncher 头文件的设置如表 3.12 所示。

表 3.12 Liblauncher 头文件的设置

设　置	功　能
alvalue.h	ALValue 的定义

3. 经纪人

模块生成器（地址）为用户创建项目，它会产生一个用于连接执行档和机器人，以及连接主经纪人（必须加入 autoload.ini 起始文件中）的数据库。模块生成器管理各模块之间的链接及各模块的位置，让用户可以专注于使用需要的函数。

myModule 通过远程经纪人 MyBrover 被执行，此经纪人通过主要经纪人与 IP127.0.0.1：9559 进行沟通。

经纪人使用 IP 和端口号的发送装置作为一个参数；IP0.0.0.0.可用于所有可用的 IP 地址获得命令。

```
1    #命令
2    #默认 IP127.0.0.1，端口 9559
3    ./bin/NAOqi-b 0.0.0.0
```

网络浏览器可以用来查看所有 API 经纪人的介绍。MyBrover 连接主经纪人，使用 -pip 命令与其他经纪人连接。

```
1    #命令
2    ./modules/bin/myBrover-pip127.0.0.1    #连接 127.0.0.1
```

模块由绿色圆圈表示，可以在"启动器模块"或设置文件 autoload.ini（$AL_DIR/modules/lib）中被声明。

1	#autoload.ini 案例	
2	[core]	#必要文件
3	albase	
4		
5	[extra]	#可拆卸模块
6	Launcher	#可以启动其他模块的模块
7	Devicecommunicationmanger	#硬件接口
8	motion	#管理动作的模块
9	Pythonbridge	#嵌入式 Python 直译器
10	[remote]	#从（$AL_DIR/modules/bin）运行执行
11		
12	audio out	

经纪人既是一个可执行对象也是一个服务器。这个服务器接收远程命令，ALProxy 允许连接并将命令发送至经纪人。

```
1    #C++案例
2    ALProxy p = ALProxy("module name",parentIP, parentPort);
3    p.info("display it on remote brover parentIP and parentPort");
```

模块可以通过 getParentBrover 函数来存取本地经纪人。

```
1    #C++ 案例
2    getParentBrover()->getIP();   #获取 IP 地址
```

3.3.4　使用 NAOqi

在使用 NAOqi 创建程序时需要用到：Visual Studio 2015 或 Visual Studio 2017、CMake Version 2.6 或更高版本及 Python 2.7.6。

1. 设定使用 Python 的环境

为了在 Python 上使用 NAOqi 的 Aldebaran SDK，有些环境变量设置是必要的。用户可以从 Aldebaran-robotics 官网主页获取 SDK，文件名为 pyNAOqi-python2.7-2.8.x.x-win32-vs2015.zip。

安装过程会因用户的操作系统而有所不同。下面展示的是 Windows 系统安装的例子，Python 和 SDK 的安装路径也会因用户的设置而有所不同。

在 Windows 系统中，NAOqi.exe（以及其他的用户生成程序代码）需要多个 DLL 文件，所以必须设置一个路径（%PATH%）。

（1）打开计算机的控制面板。

（2）选择左侧控制面板主页中的"高级系统设置"命令（见图 3.101），弹出"系统属性"对话框，在高级栏中选择右下角的"环境变量"命令。

图 3.101　高级系统设置

　　（3）双击"环境变量"对话框中的路径，然后单击"编辑"按钮，弹出"编辑系统变量"对话框。必须将 Python 和 SDK 的路径添加至系统变量的路径中，以分号分隔：C:/Python27；C:/Python27/Scripts。

　　（4）为了在 Python 中使用 SDK 库，创建 PYTHONPATH 变量（见图 3.102），并登记路径：path\to\python-sdk\lib。

　　所有的环境变量必须在脚本中设置，它们可以在 SDK 根目录中找到。用户必须一直使用脚本来执行 NAOqi（NAOqi-bin 的执行档并不直接支持执行）。此外，在 Windows 中，用户生成的执行档必须存储在"bin/directory"中。表 3.13 所示为支持 Python SDK 的系统及对应的系统版本。

图 3.102　创建 PYTHONPATH 变量

表 3.13　支持 Python SDK 的系统及对应的系统版本

OS	Version
Linux	Ubuntu 16.04Xenial Xerus-64bit only
Windows	Microsoft Windows 10（64bit）
Mac	Mac OS X 10.12 Sierra

2．NAOqi C++编程项目设定

　　NAOqi C++所支持的操作系统和 Python 一样，CMake 为了帮 NAOqi SDK 创建 C++项目，CMake 是必要的。CMake 是一个可以同时生成多个类文件夹、文件夹安装和数

据库引用的程序。首先，在安装 NAOqi SDK 前先确认 NAOqi 的经纪人和模块封包是启动的，然后执行 CMake 图形用户接口。

在"Where is the code source"栏中选择 NAOqi SDK 安装活页夹中的范例文件夹（如/path/to/aldebaran-sdv/modules/src/examples/helloworld）。

在"Where to build the binaries"栏中选择下层文件夹范例（Sub-folder Example）中的暂时建立文件夹（Temporary Build Folder）。如果文件夹不存在，就新建一个新的文件夹（如/path/to/aldebaran-sdv/modules/src/examples/helloworld/build）。

单击"configure"按钮。根据使用的操作系统和 IDE，选择"Ide to be used"（Windows系统选择 Visual Studio 2013 或 Visual Studio 2015；Linux 或 Mac 操作系统选择 UNIX Make files）。

选择"Specify toolchain file for corss-compiling"，输入"/path/to/aldebaran-sdk/toolchain-pc.cmake"。

若设定栏变成红色，则再一次单击"configure"按钮。若输入正确，则所有栏目的背景变成灰色。

单击"生成"（Generate）按钮。

对于 Windows 操作系统用户，.sln 文件可以在自己建立的目录中被创建，也可以使用 IDE 打开.sln 文件。

对于 Linux 或 Mac 用户，在编译相同的项目时，在建立目录（Build Directory）中输入"make"。

用户可以选择安装的活页夹作为 SDK 活页夹的地址。

安装和配置 NAOqi SDK 的操作步骤如下。

查找是否完成安装以下文件：NAOqi-sdk-x.x.x-[OS].tar.gz 或 NAOqi-sdk-x.x.x-win32-[visualStudioversion].zip。若没有安装则从 Softbank Robotics 社区网站上下载最新版本，注意不同的操作系统对应不同的版本。

（1）创建工具链，输入以下命令，以便使用来自 C++ SDK 的进给创建工具链：**$ qitoolchain create mytoolchain /path/to/NAOqi-sdk/toolchain.xml**。其中，mytoolchain 是想要给这个特定的工具链命名的地方（可以有几个）。

（2）进入工作树：**$cd /path/to/myWorktree**。

（3）创建配置，输入以下命令以创建与此工具链关联的生成配置，并确保此配置是此工作树的默认配置：**$ qibuild add-config myconfig -t mytoolchain --default**。

3．NAOqi 范例

此处将介绍如何使用 NAOqi、Python。在 NAO 机器人中创建并连接 ALTextToSpeech，然后传递字符串让机器人说出"Hello,World！"，示例程序代码如下：

```
1    from NAOqi import ALProxy
2    tts = ALProxy("ALTextToSpeech", "<IP of your robot>", 9559)
3    tts.say("Hello, world!")
4    # robot_IP=192.168.123.150;
```

在 C++中创建模块的代码如下：

```
1    #包括"almemoryproxy.h"
2    void myModule::init(void)
3    {
4    getParentBrover()->getMemoryProxy()->insertData("myValueName",0);
5    }
```

Python 脚本可以从计算机声明机器人的功能。若没有则可以使用机器人的嵌入式直译来快速启动。若用户不希望正在执行的函数中途停止，则平行声明可通过 CMake（Linux 的 makefile 或 Microsoft Visual Studio 的.sln 文件）来创建和编译项目。用户可通过输入命令来声明 NAOqi 的用户数据库，当执行 NAOqi 的 load myModule 命令时，myModule.so 会被声明，且会自动声明初始化函数。

4．NAOqi 选项

在终端中，输入选项指令可以设置相应 NAOqi 选项的动作，如表 3.14 所示。

表 3.14　NAOqi 选项

选　项	动　作
-h [-help]	提示信息
-v [-verbose]	在控制面板中输出记录
-d [-daemon]	在内存内独立执行
-pid arg	记录 PID 的文件名
-n [--brover-name] arg (=mainBrover)	经纪人名，默认值是 mainBrover
-b [--brover-ip] arg (=0.0.0.0)	经纪人 IP，默认值是 0.0.0.0
-p [--brover-port] arg (=9559)	经纪人端口，默认值是 9559

5．远程程序选项

在远程程序选项中也可以使用 NAOqi 遥控选项，如表 3.15 所示。

表 3.15　NAOqi 遥控选项

选　项	动　作
--piparg (=127.0.0.1)	服务器 IP，默认值是 127.0.0.1
--pport arg (=9559)	服务器端口，默认值是 9559

6．NAO 机器人中的 NAOqi

NAOqi 只有当 NAO 机器人连接网络（有线或无线）时才会自动执行。

NAOqi 起始命令（Start Command）：/etc/init.d/NAOqi。

NAOqi 重启命令（Restart Command）：/etc/init.d/NAOqi restart。

NAOqi 结束命令（End Command）：/etc/init.d/NAOqi stop。

第4章 NAO 机器人的编程入门

本章将使用由 NAO 机器人平台提供的 Choregraphe 软件的各种指令盒，实现一些基本的案例。本章共有 6 个案例，涉及 NAO 机器人的语音、行走、外设、视觉，通过这些案例，读者将学会如何使用指令盒、编辑指令盒、修改指令盒代码。

4.1 Hello World

本案例将通过指令盒编程的方式让机器人主动说话并跳舞。

4.1.1 相关指令盒

1. 机器人说话——Say

在 Choregraphe 的指令盒库中搜索 Say 指令盒，将该指令盒拖动到图表空间中，如图 4.1 所示。

图 4.1 Say 指令盒

指令盒左下角的扳手图标是指令盒参数的设置按钮，单击设置按钮会弹出"设定 Say 的参数"对话框，如图 4.2 所示。在"Text"文本框中输入想要说的内容，比如 Hello 。在程序运行后，NAO 机器人即可说出 Hello。参数 Voice shaping 和 Speed 的含义可以参考 3.2.10 节中 Say 指令盒的介绍。

图 4.2 "设定 Say 的参数"对话框

双击 Say 指令盒，查看实现 NAO 机器人说话的功能的 Python 代码，代码如下：

```
1          def _init_(self):
2          GeneratedClass._init_(self, False)
3          self.tts = ALProxy('ALTextToSpeech')
4          self.ttsStop = ALProxy('ALTextToSpeech', True)
5
6          def onInput_onStart(self):
7          self.bIsRunning = True
8          try:
9          sentence ="\RSPD="+ str( self.getParameter("Speed (%)") ) + "\ "
10         sentence +="\VCT="+ str( self.getParameter("Voice shaping (%)") ) + "\ "
11         sentence += self.getParameter("Text")
12         sentence += "\RST\ "
13         id = self.tts.post.say(str(sentence))
14         self.ids.append(id)
15         self.tts.wait(id, 0)
16         finally:
17         try:
18         self.ids.remove(id)
19         except:
21         pass
22         if( self.ids == [] ):
23         self.onStopped()
```

（1）self.tts = ALProxy('ALTextToSpeech')：实例化文本转语音的对象，用于调用成员函数。

（2）sentence = "\RSPD="+str(self.getParameter("Speed (%)"))+"\"：获取在指令盒中设置的 Speed 的参数值（如图 4.2 中的 Speed 的值 100），把值转换成字符串赋值给 sentence，\RSPD=是识别字符，代表后面的数值是 Speed 的值。

（3）sentence += "\RST\ "：\RST\是结束符，代表"Text"文本框中的内容已经全部赋值给 sentence。

（4）id = self.tts.post.say(str(sentence))：在执行该函数后，NAO 机器人的扬声器会说出"Text"文本框中的内容。

（5）finally 部分：在程序的最后，释放 id 占用的资源，结束程序。

2. 机器人跳舞——Tai Chi Chuan

在指令盒库中搜索"dance"（见图 4.3），NAO 文件夹中有三种自带的舞蹈：Tai Chi Chuan、Disco 和 Headbang。选择 Tai Chi Chuan 指令盒并将其拖动到图表空间中，然后按如图 4.4 所示的连接顺序连接指令盒的输入端、输出端。在程序运行后，NAO 机器人即可表演 Tai Chi Chuan 舞蹈。

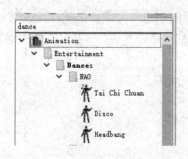

图 4.3　在指令盒库中搜索"dance"

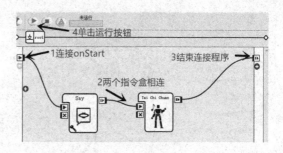

图 4.4　连接顺序

4.1.2　语音启动与 App 安装

如果想在 NAO 机器人开机之后，直接运行已经写好的程序，就需要设置一种模式去启动安装在 NAO 机器人中的 App，如语音控制，步骤如下：

（1）在 Choregraphe 的"项目文件"窗口中，单击"属性"按钮，如图 4.5 所示。

（2）在"项目属性"窗口右边支持的语言中勾选"Chinese（simplified）"复选框。

（3）勾选左边的"behavior_1"复选框，选中触发器语句，单击下面的空白处。

（4）在右边触发器语句下的"Chinese（simplified）"文本框中输入触发的语音命令，比如舞蹈展示，然后单击"添加"按钮，如图 4.6 所示。

（5）单击权限的空白格，将右边三个选择（此行为可以在充电站执行、此行为运行时机器人可以站起来、此行为运行时机器人可以坐下）全部勾选。

（6）单击"确定"按钮，关闭当前对话框，再将程序安装到 NAO 机器人上，如图 4.7 所示。

（7）当 NAO 机器人的眼睛变蓝时，说出触发自动运行的语音命令，即可自动运行程序。

图 4.5　"项目文件"窗口

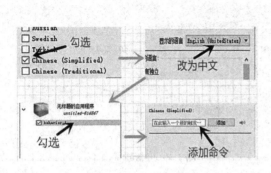

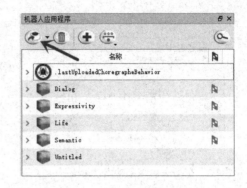

图 4.6　设置触发语句　　　　　　　　图 4.7　安装应用程序

4.2　人机交互

　　4.1 节的案例展现了 NAO 机器人的才艺。本节将通过指令盒实现 NAO 机器人在接收人类的指令后，做出的相应反应。

4.2.1　相关指令盒

1. 设置监听语言——Set Reco. Lang.

　　在指令盒库中搜索 Set Reco.Lang.指令盒，将该指令盒拖动到图表空间中，在参数选项栏中设置监听的语言，如图 4.8 所示。

图 4.8　Set Reco.Lang.指令盒

2. 语音识别——Speech Reco.

　　在指令盒库中搜索 Speech Reco.指令盒，将该指令盒拖动到图表空间中，Speech Reco.指令盒如图 4.9 所示。

　　单击设置按钮，设置相关参数及能够识别的语句，如图 4.10 所示。

图 4.9　Speech Reco.指令盒

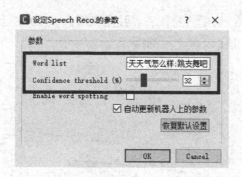

图 4.10　设置相关参数及识别语句

在"Word list"文本框中输入能够识别的语句，不同语句之间必须使用英文分号隔开。在"Confidence threshold"数值框中设置语音的置信度，数值越大识别越严格，一般设置为 30%～50%。

3. 机器人反应——Switch Case

在指令盒库中搜索 Switch Case 指令盒，将该指令盒拖动到图表空间中，该指令盒相当于一个条件分支语句，根据 Speech Reco.指令盒中 Word list 参数的设置，将每个句子分别填入 Switch Case 的参数栏中，内容务必保持一致，每个句子加上英文双引号，如图 4.11 所示。每个选项框对应一个案例分支，分别对应指令盒的结束输出，将每个结束输出与相应的机器人行为指令盒相连，即可实现人机交互功能。

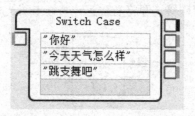

图 4.11　Switch Case 指令盒

4.2.2　项目实现

1. 指令盒需求

人机交互项目除需要 4.2.1 节中的三个指令盒之外，还需要两个 Say 指令盒和一个 Tai Chi Chuan 指令盒。在两个 Say 指令盒中可以输入如下内容："我是机器人 NAO,今天天气非常好,我很开心"。

注意，输入的内容中的标点符号必须为英文的符号！

2. 指令盒连线

按程序逻辑将各指令盒的输入端和输出端依次相连，如图 4.12 所示。当对 NAO 机器人说"你好"时，NAO 机器人将回答"我是机器人 NAO"；当对 NAO 机器人说"跳支舞吧"，NAO 机器人将会表演一段舞蹈。

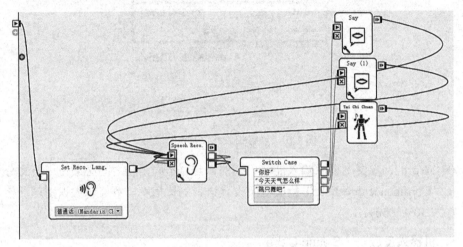

图 4.12   连接顺序

其中，Speech Reco.指令盒的连接方式如图 4.13 所示。如果由于吐词不清、环境嘈杂或置信度阈值过高等，NAO 机器人没听到指令或指令识别失败，那么需要将识别失败输出端与开始输入端连接，即将右边第二个端出端与左边第一个输入端连接；如果 NAO 机器人识别响应快或者连说两句都被 NAO 机器人识别到，那么会造成资源冲突，需要将识别成功输出端与接收输入端连接，即将右边第一个输出端与左边第二个输入端连接。

图 4.13   Speech Reco.指令盒的连接方式

4.3   机器人行走

本节将介绍使用 NAO 机器人的行走功能实现机器人行走的案例。

4.3.1   相关指令盒

1. 机器人行走——Move To

在 Choregraphe 的指令盒库中搜索 Move To 指令盒，将该指令盒拖动到图表空间中，如图 4.14 所示。

图 4.14   Move To 指令盒

单击指令盒上的设置按钮，设置相关参数及能够识别的语句，如图 4.15 所示。

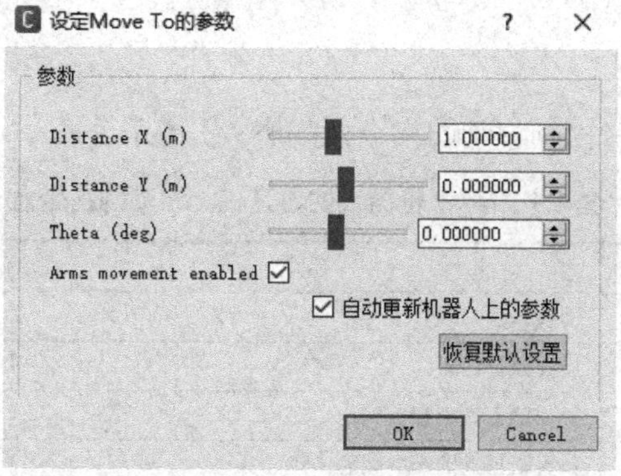

设定Move To的参数	? ✕
参数	
Distance X (m)	1.000000
Distance Y (m)	0.000000
Theta (deg)	0.000000
Arms movement enabled ☑	

☑ 自动更新机器人上的参数

恢复默认设置

OK　　Cancel

图 4.15　设置行走指令盒参数

参数的含义说明如下所示。

Distance X：单位是 m，若给定值为正值，则 NAO 机器人的运动方向是向前，若给定值为负值则 NAO 机器人的运动方向是向后。

Distance Y：单位是 m，若给定值为正值，则 NAO 机器人的运动方向是向左，若给定值为负值则 NAO 机器人的运动方向是向右。

Theta：NAO 机器人的转角，单位为°。

Arms movement enabled：在 NAO 机器人走动时，允许手臂运动。

在设置 Distance Y 后，NAO 机器人并没有转向，NAO 机器人始终面向前方，要实现转向需要设置 Theta。以 NAO 机器人为原点，建立坐标系（见图 4.16），在编程时可依据此坐标系确定 NAO 机器人的移动方向。

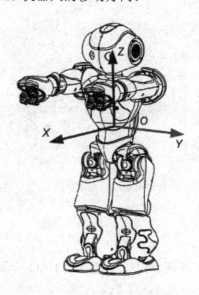

图 4.16　NAO 机器人的参考方向

4.3.2 项目实现

1. 语音控制移动

NAO 机器人的语音控制移动的指令盒如表 4.1 所示。

表 4.1 NAO 机器人的语音控制移动的指令盒

指令盒	功能	数量
Speech Reco.	语音识别	1
Set Reco. Lang.	设置监听语言	1
Switch Case	根据输入做出相应输出	1
Stand Up	设置机器人的初始状态	1
Move To	机器人行走	2

2. 指令盒连线

将各指令盒按如图 4.17 所示的连接顺序连线。单击"运行"按钮之后，通过 Stand Up 指令盒保持 NAO 机器人站直；通过 Set Reco. Lang.指令盒将 NAO 机器人识别的语言设置为中文；通过 Speech Reco.指令盒进行语音识别。当 NAO 机器人听到向前走的指令时，执行 Move To 指令盒；当 NAO 机器人听到向右走的指令时，执行 Move To(1) 指令盒。Move To 与 Move To(1)指令盒是同一类指令盒，但是设置参数不同，一个设置参数 Distance X，另一个设置参数 Distance Y。

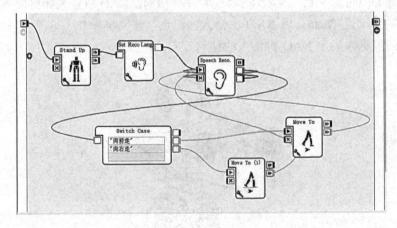

图 4.17 连接顺序

4.3.3 实践练习

读者可自己设计程序实现语音控制，例如，对 NAO 机器人说"走正方形"时，NAO 机器人的行走轨迹为正方形；对 NAO 机器人说"走圆形"时，NAO 机器人的行走轨迹为圆形。

4.4 LED 的设置

4.4.1 相关指令盒

1. 设置 LED——Set LEDs

在 Choregraphe 的指令盒库中搜索 Set LEDs 指令盒，将该指令盒拖动到图表空间中，如图 4.18 所示。

图 4.18 Set LEDs 指令盒

单击 Set LEDs 指令盒的参数设置按钮，设置相关参数，如图 4.19 所示。

图 4.19 设置指令盒参数

参数的含义说明如下所示。

（1）LEDs group：设置 NAO 机器人哪个部位的 LED 亮，如眼睛或耳朵等。

（2）Intensity：设置 LED 的亮度。

（3）Duration：设置 LED 的持续时间。

2. 设置 LED 随机颜色——Random Eyes

在 Choregraphe 的指令盒库中搜索 Random Eyes 指令盒，将该指令盒拖动到图表空间中，如图 4.20 所示。

图 4.20　Random Eyes 指令盒

Random Eyes 指令盒的功能在于设置眼睛部位的两个 LED 的颜色为随机，而且持续时间也随机。若想设置眼睛为固定颜色，则可以用 Eyes LEDs 指令盒；若想设置单个眼睛的颜色，则可以用 Single Eyes LED 指令盒。双击 Rondom Eyes 指令盒可以查看 Python 代码，Random Eyes 的核心代码如下：

```
1    def onInput_onStart(self):
2        if( self.bIsRunning ):
3        Return
4        self.bIsRunning = True
5        self.bMustStop = False
6        self.logger.warning(p)
7        while( not self.bMustStop ):
8            rRandTime = random.uniform(0.0,2.0)
9            self.leds.fadeRGB("FaceLeds", 256*random.randint(0,255) +
10                       256*256*random.randint(0,255) + random.randint(0,255), rRandTime)
11            time.sleep(random.uniform(0.0,3.0))
12        self.bIsRunning = False
13        self.onStopped()
```

代码解析如下所示。

（1）bMustStop：是否进入 while 死循环的标志，若为 False 则进入 while 死循环。

（2）rRandTime：LED 的持续时间。

（3）random.uniform(0.0,2.0)：在 0 到 2 之间随机取一个浮点数。

（4）self.leds.fadeRGB：调用 LED 的 API 函数，一共有三个参数，第一个参数是某部位 LED 的名字，第二个参数是 RGB 的值，第三个参数是某部分 LED 的持续时间。

4.4.2　项目实现

Random Eyes 指令盒只能改变眼睛 LED 的颜色。如果想改变 NAO 机器人其他部位 LED 的颜色，只需要改变函数 fadeRGB 的第一个参数即可，但是每次都改动代码很麻烦，可以使用 Set LEDs 指令盒，把需要更改的 LED 名字以字符串的形式传递给 Random Eyes 指令盒。

1. 编辑 Set LEDs 指令盒

单击 Set LEDs 指令盒，选择"编辑指令盒"命令，单击"输出点"下拉列表后的加号按钮，弹出"添加一个新输出点"对话框。在该对话框的"类型"下拉列表中选择"字符串"后，单击"OK"按钮（见图 4.21），Set LEDs 指令盒将多出一个输出端，如图 4.22所示。

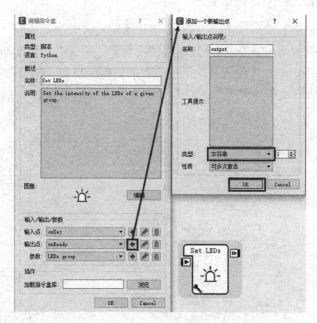

图 4.21　编辑 Set LEDs 指令盒

图 4.22　编辑指令盒

双击 Set LEDs 指令盒，修改 onInput_onSet(self)下的代码，代码如下：

```
1    def onInput_onSet(self):
2        self.leds.fade(self.getParameter("LEDs group"), self.getParameter("Intensity (%)")/100.,
3        self.getParameter("Duration (s)"))
4        p=self.getParameter("LEDs group")
5        self.logger.warning(p)
6        self.output(p)
```

代码解析如下所示。

（1）p=self.getParameter("LEDs group")：这个函数可以在指令盒中设置 LED 参数为变量 p。

（2）self.logger.warning(p)：这个函数可以使 p 的值在 Choregraphe 日志查看器中显

示，方便调试。

（3）self.output(p)：这个函数可以将 p 的值从输出端输入到下一个指令盒中。

2. 编辑 Random Eyes 指令盒

编辑 Random Eyes 指令盒的目的是改变开始输入的类型，将默认的类型"激活"改成"字符串"，接收 Set LEDs 指令盒输出的字符串。单击 Random Eyes 指令盒，选择"编辑指令盒"命令，单击"输入点"下拉列表后的编辑按钮（铅笔图标），弹出"编辑已有输入点"对话框，在"类型"下拉列表中选择"字符串"后，单击"OK"按钮，如图 4.23 所示。

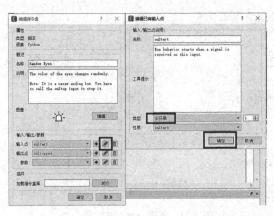

图 4.23　编辑 Random Eyes 指令盒

双击 Random Eyes 指令盒，修改 onInput_onStart(self)的代码，代码如下：

```
1      def onInput_onStart(self,p):
2      if( self.bIsRunning ):
3      Return
4      self.bIsRunning = True
5      self.bMustStop = False
6      self.logger.warning(p)
7      while( not self.bMustStop ):
8      rRandTime = random.uniform(0.0,2.0)
9      self.leds.fadeRGB(p, 256*random.randint(0,255) + 256*256*random.randint(0,255) +
10   random.randint(0,255), rRandTime)
11     time.sleep(random.uniform(0.0,3.0))
12     self.bIsRunning = False
13     self.onStopped()
```

修改内容如下：

（1）将 onInput_onStart(self)改成 onInput_onStart(self,p)，目的是将 Set LEDs 指令盒输出的字符串输入到 Random Eyes 指令盒中。

（2）将 self.leds.fadeRGB 函数的一个参数改为 p。

3. 指令盒连线

将 Set LEDs 和 Random Eyes 指令盒按如图 4.24 所示的顺序连接。单击 Set LEDs 指令盒的设置按钮设置参数，即可设置 NAO 机器人相应部位 LED 灯的随机颜色闪烁。

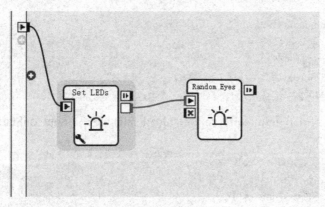

图 4.24   连接顺序

4.5   音频处理

本节主要讲解 NAO 机器人获取音频文件的案例，在使用 NAO 机器人录音之后，播放其录音内容。

在图表空间空白处右击，选择"创建一个新指令盒"命令，在选择 Python 语言后，弹出一个对话框，在"名称"文本框中输入一个英文名字，如 Test，如图 4.25 所示。

图 4.25   创建一个新指令盒

1. 编辑指令盒

新建一个 Python 语言指令盒用来录音，双击该指令盒可以查看代码，原始代码如下：

```
1      class MyClass(GeneratedClass):
2      def _init_(self):
3      GeneratedClass._init_(self)
```

```
4
5       def onLoad(self):
6       pass
7       def onUnload(self):
8       pass
9       def onInput_onStart(self):
10      pass
11      def onInput_onStop(self):
12      self.onUnload()
13      self.onStopped()
```

此处需要更改 def_init_(self)、def onUnload(self)、def onInput_onStart(self)三个函数，更改后的代码如下：

```
1       class MyClass(GeneratedClass):
2       def _init_(self):
3       GeneratedClass._init_(self)
4       self.record=ALProxy("ALAudioRecorder")
5
6       def onLoad(self):
7       pass
8       def onUnload(self):
9       self.record.stopMicrophonesRecording();
10      pass
11      def onInput_onStart(self):
12      import time
13      record_path="/home/nao/record.wav"
14      self.record.startMicrophonesRecording(record_path,'wav',16000,(0,0,1,0))
15      time.sleep(5)
16      self.record.stopMicrophonesRecording();
17      self.onStopped()
18      pass
19      def onInput_onStop(self):
20      self.onUnload()
21      self.onStopped()
```

对 def_init_(self)函数内代码的更改：self.record=ALProxy("ALAudioRecorder")，实例化一个 record 对象。

对 def onInput_onStart 函数内代码的更改如下：

（1）self.record.startMicrophonesRecording(record_path,'wav',16000,(0,0,1,0))，以格式.wav、采样频率 16 000Hz 存储在 record_path 路径中。

（2）self.record.stopMicrophonesRecording()，结束录音。

播放录音指令盒的创建与上述步骤相同，也需要新建一个 Python 语言指令盒，这里只展示更改后的代码。

```
1         class MyClass(GeneratedClass):
2         def _init_(self):
3         GeneratedClass._init_(self)
4         self.player=ALProxy("ALAudioPlayer")
5         def onLoad(self):
6         pass
7         def onUnload(self):
8         pass
9         def onInput_onStart(self):
10        import time
11        fileId=self.player.post.playFile("/home/nao/record.wav")
12        currentPos=self.player.getCurrentPosition(fileId)
13        time.sleep(5)
14        self.logger.info(str(currentPos))
15        self.onStopped()
16        pass
17        def onInput_onStop(self):
18        self.onUnload()
19        self.onStopped()
```

对 def_init_(self)函数内代码的更改：self.player=ALProxy("ALAudioPlayer")，实例化一个 player 对象。

对 def onInput_onStart(self)函数内代码的更改如下：

（1）fileId=self.player.post.playFile("/home/nao/record.wav")，添加播放音乐函数 playFile()，参数是音频文件的存储路径。

（2）currentPos=self.player.getCurrentPosition(fileId)，得到播放文件的当前播放位置。

2．指令盒连接

将各指令盒按如图 4.26 所示的顺序连接。在程序运行后，对着 NAO 机器人的麦克风说话，NAO 机器人会录音 5s，然后复述录音内容。此处没有设置录音提示，可以加入 LED 指令盒或者 Say 指令盒，提示开始录音，尝试优化程序。

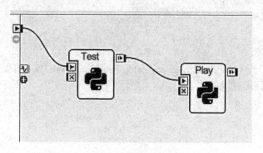

图 4.26　连接顺序

4.6　NAOMark 学习

本节将使用 NAO 机器人特有的视觉模块识别量身定做的 NAOMark 标记，并将标记上的编号说出来。NAOMark 标记的图案见附录 A。

4.6.1　相关指令盒

1．NAOMark 指令盒

在 Choregraphe 的指令盒库中搜索 NAOMark 指令盒，将该指令盒拖动到图表空间中，如图 4.27 所示。

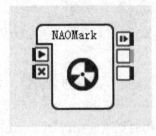

图 4.27　NAOMark 指令盒

NAOMark 指令盒的功能和参数可以参考 3.2.10 节中 NAOMark 指令盒的介绍。

2．Say 指令盒

通过调用 Say 指令盒，NAO 机器人将检测到的 NAOMark 编号说出来。此处需要对 Say 指令盒进行修改。双击 Say 指令盒，修改代码如下：

（1）将指令盒中 def onInput_onStart(self):改成 def onInput_onStart(self, p):。

（2）将指令盒中 sentence 部分改成 sentence += "我看到的标签的编号是" + str(p)。

只修改上述提到的地方，其他代码不变，更改后的代码如下：

```
1       def onInput_onStart(self,p):
2       self.bIsRunning = True
3       try:
4       sentence = "\RSPD="+ str( self.getParameter("Speed (%)") ) + "\ "
5       sentence += "\VCT="+ str( self.getParameter("Voice shaping (%)") ) + "\ "
6       sentence += "我看到的标签的编号是"+ str(p)
7       sentence += "\RST\ "
```

4.6.2　项目实现

将指令盒按如图 4.28 所示的顺序连接，在程序运行后，NAOMark 指令盒会调用 NAO 机器人内部的视觉模块，识别机器人视野内 NAOMark 上的编号，将编号作为该指令盒的输出信号，输入到 Say 指令盒中，NAO 机器人即可说出该编号。

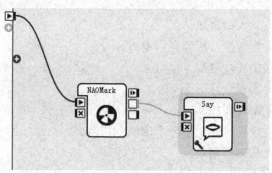

图 4.28　连接顺序

4.6.3　实验步骤

案例的具体实验步骤如下：

（1）将 NAOMark 打印在 A4 纸上。

（2）将该 A4 纸移到 NAO 机器人摄像头前 1m 左右。

（3）执行程序。

（4）NAO 机器人在识别到 NAOMark 标记后，将会说出视野中的 NAOMark 的编号。

4.7　实践练习

4.7.1　模拟场景

假设有一个联欢晚会，拟采用 NAO 机器人作为该晚会的主持人。晚会舞台示意图如图 4.29 所示，T 字台的下端为舞台，上端的两侧分别为入口和出口。

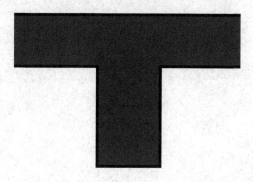

图 4.29　晚会舞台示意图

4.7.2　任务需求

（1）NAO 机器人从入口进场。

（2）NAO 机器人到达舞台后朝向正前方。

（3）NAO 机器人向观众致辞。

（4）NAO 机器人和观众互动。

（5）NAO 机器人跳舞暖场。

（6）NAO 机器人报幕，介绍下一个表演的内容。

（7）NAO 机器人从出口离场。

第5章　NAO机器人实训案例

本章将扩展NAO机器人的应用，在基础应用中介绍一种对话模式、编舞方法及视觉应用。在进阶应用中更偏向NAO机器人的智能化，通过第三方智能平台实现NAO机器人的文字识别、人脸检测及智能语音交互功能。

5.1　NAO机器人基础应用

本节将介绍NAO机器人根据Choregraphe提供的不同指令盒完成的既生动有趣又富有挑战的基础应用案例，提高读者对软件的熟练程度，提高读者的动手实践能力和创新应用能力。

5.1.1　实验一：自我介绍

自我介绍是推销自己、让大家认识自己的第一步，是机器人拟人化过程中最简单、最重要的一个环节，是仿人机器人最基本的一个功能。

1．实验目的与要求

（1）实验目的：了解对话树的结构，学会用NAO机器人编写固定对话。

（2）实验要求：通过编程实现NAO机器人的自我介绍，对话语句不少于6句，同时可以选择性地进行对话。

2．实验原理及核心内容

1）基本概念

（1）话题（topic）。

在创建qiChat时，会初始化一个话题及对应的top文件，一般一个qiChat对应一个话题。top文件的第一行会声明话题。

例如，创建一个test的话题，生成的top文件的第一行为topic: ~test()。

（2）概念（concept）。

概念是词或句的集合，通常我们将意思相近的词或短句归入一个概念中。机器人在听到我们说概念中的任意一个对象时，就会认为我们表达了对应的意思。

例如，定义一个名为yes的概念：concept: (yes) [yes "all right" sure "why not" ok certainly "very well" yepyea]。

对象之间用空格隔开，短句加上引号表示一个对象。这样，机器人在听到其中的任意一个对象（yes、all right等）时，都会认为表达的是yes这个概念。

（3）对话结构。

对话结构可以理解为一棵树，u 为树的根节点，进入话题后只能从 u 开始对话，当进入一个 u 时，只有按一条路径遍历这棵树的叶节点后才能跳出这个对话。一个话题中的所有的对话 u 构成了森林。

例如，建立一棵对话树"talk about animals"，代码如下：

```
u:(talk about animals) do you have a cat or a dog?
        u1:(dog) is it a big dog?
            u2:(yes) make sure it has enough space to run
            u2:(no) it is so cute
        u1:(cat) do you live in the countryside?
            u2:(yes) does your cat go outside?
                u3:(yes) does it hunt mouses?
            u2:(no) I hope your flat is big enough
        u1:(none) neither do I
```

程序逻辑图如图 5.1 所示。首先，人类说"talk about animals"，机器人识别到之后回复"do you have a cat or a dog?"，并进入这棵对话树中。人类回复"dog"，机器人做出回复之后，人类再回复"yes"，机器人回答"make sure it has enough space to run"，便会跳出这棵树。

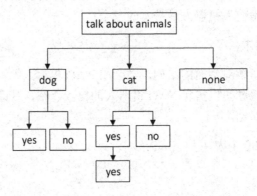

图 5.1　程序逻辑图

（4）子话题（proposal）。

子话题可被认为是一个图的节点，在图节点内，可以以 u 或 proposal 建立树或图。图节点之间可以相互转换。

例如，proposal: %talk If you feel like talking about it, don't hesitate. ^nextProposal。

在机器人说完"If you feel like…"之后进入同一个话题的下一个子话题。proposal 后面的%talk 表示这个图节点的标签为 talk。在该子话题执行完后，可通过下列代码进入其他相应的子话题。

- ^sameProposal：回到当前子话题的起始位置。
- ^previousProposal：进入上一个子话题。

- ^nextProposal：进入下一个子话题。
- ^gotoReactivate(tag)：进入名为 tag 的子话题。

（5）事件。

事件可以用来检测传感器状态，一般用于触发对话 u。

例如，u: (e:LeftBumperPressed) My left foot bumped into something!

当触碰机器人左脚的传感器时，机器人会回复"My left foot bumped into something!"。

2）常用符号

（1）成对出现的符号""、[]、{}。

""：将多个词对象连接成一个句对象。

[]：选择里面的任一个对象。

{}：内容可省略。

例如，u: ({hello} how are you) [thanks "I am fine"]。

当用户说"hello how are you"或"how are you"时，机器人会随机回答"thanks"或"I am fine"。

（2）单个出现的符号。

- #：注释。
- *：匹配任意词。例如，u: (I am *)，人类说"I am David"或"I am fine"都能被识别。
- !：表示不能出现的词。语句的识别是通过检查关键词来实现的，当在一个词之前加上"!"时，表示机器人听到这个词就不会匹配这句话。例如，u: (thank !you)，表示说的话含有 thank 且不含 you 才能被识别。
- %：用于定义标签。例如，proposal: %love，表示当前子话题的名字为 love。
- _：用于存储后面的词。例如，_test，表示会将 test 存起来。
- $：用于指代变量，或者调用_存储的内容。例如，$num，表示 num 是一个变量，可以对其进行赋值等操作。$1，$2，……在使用_之后，$后接数字，用于匹配_存储的内容，$1 匹配第一个_，$2 匹配第二个_，……
- ~：用于调用概念。例如，u: (~yes)，表示说任意一个 yes，概念的元素都能触发这个对话。

（3）肢体动作。

- ^start：开始执行一个肢体语言。
- ^stop：停止肢体语言。
- ^wait：等待此肢体语言结束。

stop、wait 接的肢体语言必须和前面的 start 相同。

例如，u: (hi) ^start(animations/Stand/Gestures/YouKnowWhat_1) My left foot bumped into something! ^wait(animations/Stand/Gestures/YouKnowWhat_1)。机器人在听到"hi"之后会执行当前肢体语言"animations/Stand/Gestures/YouKnowWhat_1"，同时说出"My left foot bumped into something!"，在当前肢体语言结束后，跳出当前对话。

3）案例

由于 qiChat 内容更加丰富，在创建指令盒时，可以添加一个名为 walk 的出口，在一个 u 结束时，$walk=1，会将名为 walk 的出口激活，程序执行这个出口后面的内容。

```
concept:(yes) [yes "all right" sure "why not" ok certainly "very well" yep yea \definitely amen]
concept:(no) [no none "don't want" "no way" never "not at all"]
concept:(hello) [hello hi hey "good morning" greetings]
concept:(bye)[bye goodbye "bye bye" "ta ta" "see you" adios cheerio "so long" \farewell "have a nice day"]
u:(~hello)^start(animations/Stand/Gestures/Hey_1)~hello^wait(animations/Stand/\Gestures/Hey_1) ^
nextProposal
proposal: %playAGame Do you want to play a game?
        u1:(~yes) Let's play $playAGame=1
        u1:(~no) Ok, anytime.
proposal: %favoriteColor And what is your favorite color between Blue and Red?
u1:(_[blue red]) $1 is a very nice color and my prefered is violet. \^gotoReactivate(playAGame)
        u:(~bye) ~bye $onStopped=1
        u:(e:LeftBumperPressed) ^start(animations/Stand/Gestures/YouKnowWhat_1) My left \
foot bumped into something!^wait(animations/Stand/Gestures/YouKnowWhat_1)
```

上面代码中的 \表示换行，意思是在编写时 \ 下面的一行应置于 \ 所在行的末尾。

自我介绍程序首先定义了 yes、no、hello、bye 的概念，然后定义了 hello、bye、LeftBumperPressed 三个对话，以及 playAGame 和 favoriteColor 两个子话题。自我介绍程序的流程图如图 5.2 所示。

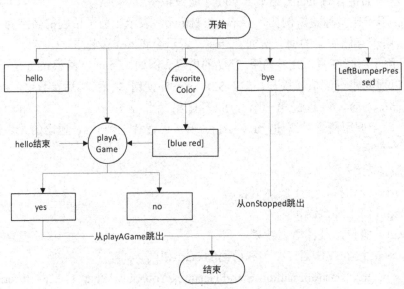

图 5.2   自我介绍程序的流程图

3．实验过程及代码讲解

1）创建项目

该实验使用 Choregraphe 完成，需要先使用该软件创建一个项目。在项目创建后开始完成下面的每一个模块。本实验使用 qiChat 模式完成 NAO 机器人与人交互的对话，需要使用对话指令盒。在图表空间中右击，执行"创建一个新指令盒"→"对话"命令，然后添加对话主题，完成后单击"OK"按钮（见图 5.3），得到一个指令盒，同时项目栏中会出现一个文件夹，如图 5.4 所示。

图 5.3　设置对话指令盒

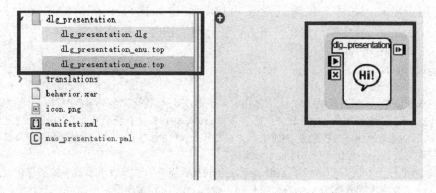

图 5.4　对话指令盒及其文件夹

单击指令盒右侧的输出端，在弹出的对话框的"名称"文本框中输入"playAGame"并设置其他信息，如图 5.5 所示。

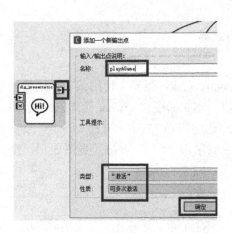

图 5.5　添加输出点

这样指令盒便多了一个名为 playAGame 的出口。在指令盒库中找到 Tai Chi Chuan 指令盒（见图 5.6），将其拖动到图表空间，然后按如图 5.7 所示的连接顺序进行连线。

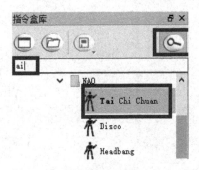

图 5.6　指令盒库界面

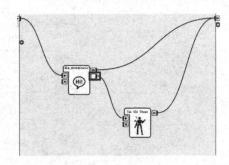

图 5.7　连接顺序

2）完善 qiChat 语法文件

使用 qiChat 编码方式编写对话内容。双击如图 5.4 所示的界面中的 dlg_presentation_mnc.top 文件，填写机器人自我介绍的 qiChat 代码。

```
topic: ~dlg_presentation()
language: mnc

u:(e:onStart)大家好,我是仿人机器人脑,由软银机器人设计.我有完全可编程的软件设计.我是自主
的,可以通过无线连接互联网!我能识别人脸,回答问题,抓取物体,播放音乐和跳舞,还可以踢足球.我有
超过 1.2 万个兄弟姐妹分布在世界各地,主要集中在学校,研究中心,医院,护理病房,以及一些商用场景,
诸如银行和商店。你还想知道更多的技术细节吗?
u1:(是)我的身体一共有 25 个自由度.声呐在我的身体躯干部位,帮助我探测前方的障碍物.我的两
个摄像头给了我很大的视野.正因为有了它们,我可以看到前方和脚周围的情况,从而避让障碍物.我头
上的四只麦克风能使我检测周围声音的来源.另外,我每只脚的下面分布了 5 个压力传感器,可以与我的
惯性传感器配合帮助我保持平衡.我还可以用发光二极管表达不同的情绪与你互动.同时,你可以按下我
的触摸传感器,比如我的头,给我传递一些指令.介绍得差不多了,谢谢!想看我打太极吗?
u2:(想) 好的! $playAGame=1
```

u2:(不想) $onStopped=1
u1:(不) 好的! $onStopped=1

在编写程序时，qichat 代码中必须采用英文符号。若非新建一个关键词（如 concept、u），不要使用回车键进行换行。

图 5.8 所示的指令盒的左侧上面的输入端是 onStart，右侧有两个输出端，其中上面的输出端是 playAGame，下面的输出端是 onStopped。

图 5.8　对话指令盒

在执行该程序时，从 onStart 进入对话指令盒，机器人开始第一段自我介绍，然后等待人类回复。若回复"不"，则从 onStopped 输出程序，结束此实验；若回复"是"，则进行第二段自我介绍，然后等待人类回复。若回复"想"，则从 playAGame 输出程序，打一段太极；若回复"不想"，则从 onStopped 输出程序，结束此实验。

3）上传代码至机器人

经过前两步之后，我们完成了这个实验的编写工作。只有将这个实验安装到机器人中，机器人才能执行程序。单击应用程序栏的上传按钮及程序执行按钮（见图 5.9），机器人就可以进行自我介绍了。

图 5.9　应用程序界面

4．思考与讨论

请读者按流程实现 NAO 机器人自我介绍的实验，并分析实验结果。读者可以尝试使用这一流程用 NAO 机器人进行旅游景点的介绍。

5.1.2 实验二：机器人舞蹈

在此实验中，读者将学会如何编写一段舞蹈，让我们尽情地展示机器人婀娜的舞姿吧！

1．实验目的与要求

（1）实验目的：了解关节角和帧的含义，NAO 机器人全身共有 25 个电机，通过驱动这 25 个电机，让 NAO 机器人实现各种各样的复杂动作。

（2）实验要求：控制电机让 NAO 机器人跳舞。

2．实验原理及核心内容

该实验的核心是时间轴指令盒。在指令盒的编辑界面中，有两个子模块：动作模块和行为层模块，如图 5.10 所示。动作模块用于记录机器人各关节电机的运动姿态，行为层模块用于执行除电机运动之外的其他功能，如播放音乐、控制 LED 灯等。

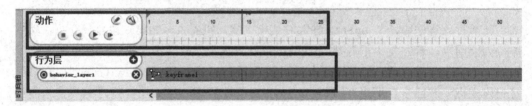

图 5.10　时间轴指令盒的编辑界面

1）动作模块

（1）动作模块中有一条绿色的带右侧方向箭头的竖线，表示该动作的开始位置，蓝色竖线表示当前选择的帧的位置。时间轴上的两个相邻刻度线之间的小格代表帧，一小格为一帧，并且每 5 帧用数字标识，如图 5.11 所示。在帧格上右击，可以选择"在关节帧处存储关节"命令，从而记录关节的电机状态。

图 5.11　动作模块的时间轴

例如，在 13 帧处记录全身关节的电机状态。在记录电机状态之后，13 帧处会出现一个灰色的方块，表示此时机器人有预设的动作。当第一次记录电机状态时，帧的右侧会出现一条表示动作结束位置的红色的带左侧方向箭头的竖线，如图 5.11 所示。当单击变灰的帧时，方块将由灰色变为橙色，同时蓝色的竖线也会移到橙色方块上方，如图 5.12 所示。当关节帧变为橙色时，该关节帧属于已选择的对象，可对其进行操作：按住鼠标左键在轴上拖动这一记录关节位置的帧来改变帧的位置，将 13 帧拖动到 20

帧，如图 5.13 所示。

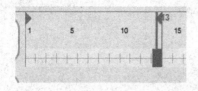

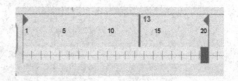

　　　图 5.12　选择帧　　　　　　　　　　　　　图 5.13　拖动帧

　　单击状态栏的自主生活开启/关闭按钮（心形图标），接着单击唤醒按钮（太阳形图标），可关闭 NAO 机器人的自主生活状态，如图 5.14 所示。NAO 机器人在自主生活状态下会执行一系列的程序，感知周围的环境并做出一系列的反应，此时电机处于激活状态，无法调节电机进行编舞。

图 5.14　NAO 机器人状态栏

　　在机器人视图菜单栏中调出侦测器，单击机器人视图中的机器人的四肢或头部，可调整全身 25 个关节的位置，如图 5.15 所示。图 5.15 中的 5 个参数分别表示机器人手臂的不同关节的电机状态，度数为相对机器人初始状态的电机的角度。当 5 个值都为 0° 时，手臂将前平举。视频显示器显示机器人上摄像头的视角，在本实验中不需要使用。

图 5.15　调整机器人关节

　　单击机器人视图中的机器人的左臂，拖动侦测器中的操纵杆可以改变机器人左臂的姿态，可以在动作帧上将此时的关节电机状态存储下来。

　　在实体机器人上设置动作时，单击"开启/解除关节链刚度"按钮（见图 5.16），即可直接在实体机器人上摆设动作。当该软件连接虚拟机器人时，"开启/解除关节链刚度”按钮为灰色。

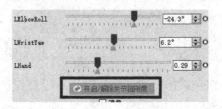

图 5.16　机器人动作的设置

（2）在如图 5.10 所示的时间轴指令盒的编辑页面中，动作模块有 6 个按钮，第一行位于左侧的按钮用于编辑时间轴，位于右侧的按钮用于设置时间轴属性。

单击设置时间轴属性按钮，弹出"编辑时间轴"对话框，如图 5.17 所示。

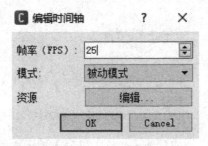

图 5.17　"编辑时间轴"对话框

参数帧率表示实际的 1s 经过的帧数。帧率越高，机器人执行动作越快；帧率越低，机器人执行动作越慢。参数模式中有 3 个选择，一般使用被动模式；当选择其他模式时，机器人感知到有摔倒倾向时，动作不会停止。资源用于编辑与其他进程冲突时的反应，例如，其他进程占用扬声器，机器人在执行跳舞程序时可以选择等待扬声器释放或强制占用扬声器资源。

单击编辑时间轴按钮，弹出"动作记录器"窗口，如图 5.18 所示。

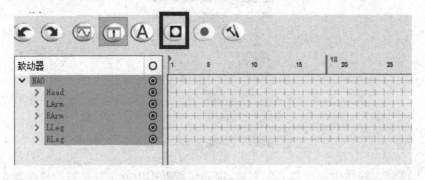

图 5.18　"动作记录器"窗口

此部分用于录制机器人的动作，单击录制按钮（图 5.18 中矩形框中的按钮），开始录制机器人的动作，在开始录制之后，其界面如图 5.19 所示。

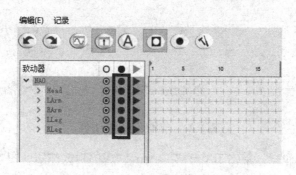

图 5.19　录制机器人动作界面

在制动器中可以选择录制的肢体，包括 NAO 机器人的头部（Head）、左臂（LArm）、右臂（RArm）、左腿（LLeg）和右腿（RLeg）。它们的父类 NAO 机器人用于指示，若 5 个关节有一个被激活，则指示灯变亮。例如，先单击 LArm 和 Rarm 对应的选中按钮（图 5.19 的矩形框中的圆圈），即选中 NAO 机器人的左臂和右臂，然后单击录制按钮，再摆动机器人的双臂，机器人将记录在此之后的左臂和右臂的动作。开始录制的效果如图 5.20 所示。

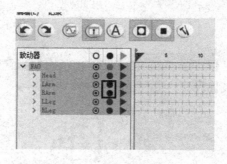

图 5.20　开始录制的效果

在开始录制之后，再次单击录制按钮即可结束录制。录制结束后的窗口如图 5.21 所示。

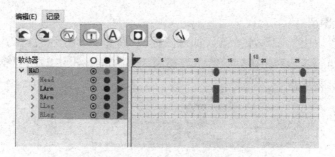

图 5.21　录制结束后的窗口

关闭如图 5.21 所示的窗口，动作记录展示界面如图 5.22 所示。灰色方块表示在此帧保存了关节的数据，用于舞蹈时运动的路径规划即时演算。

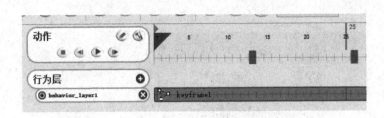

图 5.22　动作记录展示界面

打开时间轴编辑器，单击 LArm 和 RArm 对应的播放按钮（图 5.23 的矩形框中的绿色箭头），将设置机器人在运行该程序时执行 LArm 和 RArm 在上一环节录制的动作。

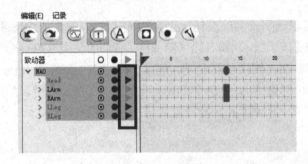

图 5.23　单击播放按钮

关闭时间轴编辑器，单击图 5.24 的矩形框中的程序执行按钮，机器人将按照录制的关节动作做出相应的肢体反应，重现录制的肢体动作。

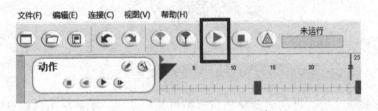

图 5.24　单击程序执行按钮

2）行为层模块

在行为层模块中单击添加按钮（加号图标），新建一个行为层，在输入框内修改行为层的名字，如 music，如图 5.25 所示。在图 5.25 的矩形框中的刻度线处，右击帧格，选择"添加关键帧"命令。

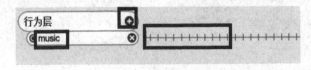

图 5.25　行为层模块

采用相同步骤创建多个行为层，添加关键帧，如图 5.26 所示。

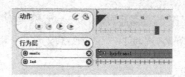

图 5.26　创建多个行为层

其中，动作和行为层中的每一个行为都是并行的。单击图 5.26 中的"keyframe1"，添加 Play Sound 指令盒，如图 5.27 所示。

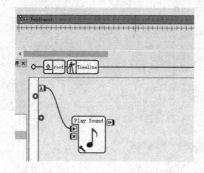

图 5.27　添加 Play Sound 指令盒

3．实验过程及代码讲解

1）太极指令盒

图 5.28 所示的动作模块记录整个舞蹈动作的所有关键帧，同时时间轴属性中的帧率设置为 5 帧。在行为层模块的 LED 中，添加一个控制身体 LED 颜色变化的指令盒。在 music 行为层中添加一个用于播放音乐的 Play Sound 指令盒，同时在该项目中导入 mp3 文件，用于播放音乐。

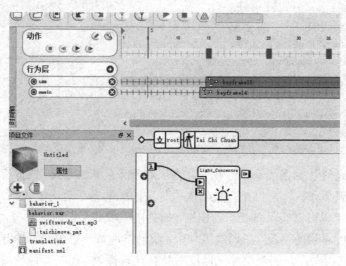

图 5.28　太极拳舞蹈界面

单击图 5.29 中项目文件中的添加按钮，导入 mp3 等格式的文件。在 Play Sound 指令盒中，单击设置按钮，添加导入项目中的 mp3 文件。

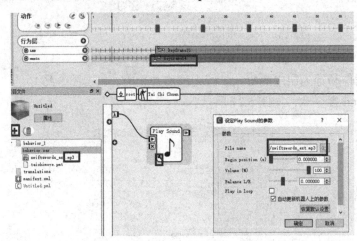

图 5.29　设置播放的音乐

2）机器人识别播放的音乐并跳舞

如何在音乐开始的短短几秒钟内就实现对音乐的识别是机器人跳舞的一大难点。该部分主要使用 pyaudio 和 librosa 库的 librosa.feature.delta() 函数提取音乐的特征，并将其存储在.npy 格式的文件中，该函数结合动态时间规整算法（Dynamic Time Warping），仅通过歌曲开头 5s 左右的录音即可实现对歌曲的识别。获取并保存歌曲特征的核心代码如下：

```
def get_feature():
    audioList=os.listdir('five_music')
    raw_audioList={}
    beat_database={}
    for tmp in audioList:
        audioName=os.path.join('five_music',tmp)
        if audioName.enswith('.wav'):
            y,sr=librosa.load(audioName)
            tempo,beat_frames=librosa.beat.beat_track(y=y,sr=sr)
            beat_frames=librosa.feature.delta(beat_frames)
            beat_database[audioName]=beat_frames
    np.save('beatDatabase.npy',beat_database)
```

上述代码通过计算播放音乐与音乐库内所有音乐的相似程度，选择符合条件的具有最大相似度的音乐作为匹配结果，机器人执行被匹配的音乐对应的舞蹈。

虽然上述代码可以实现对音乐的识别，但是由于歌曲录取时间太短，在实际匹配过程中会出现匹配错误的情况。在调试过程中，我们发现每一首歌在歌曲开头识别的效果较好，并且在使用动态时间规整算法匹配时特征比较接近，此时其他歌曲匹配特征差距较大，说明在刚切换歌曲之后的识别效果较好。所以我们使用一个原则——强相信原则，在切换歌曲之后，当算法检测到歌曲时，记录该歌曲，设置 30s 的"强相信时间"（用于跳舞），在该时间内只进行歌曲的检核，不进行歌曲识别的更改，即在该段时间内，即使出现了特征相近的歌曲也不对当前的歌曲进行更改,这样能够使机器人连续跳同一个舞蹈。解决该部分问题的代码如下：

```python
if j==0:
    record(path_now,5)
    print('开始前，录制 5s')
else:
    record(path_now,5)
    print('开始前，录制 5s')
matchedsong,d_now=recognize(path_now)
if matchedsong==1:
    print('歌曲录制错误')
    continue
if matchedsong!=0 and matchedsong!=matchedsong_last:
    threhold=GetThrehold(j,matchedsong)
    if d_now<threhold:
        print(matchedsong)
        matchedsong_last=matchedsong
        if j==0:
            print('start')
            time_s=time.time()
            time_zero=time.time()
            dance=GetDance(matchedsong)
            print(dance)
        interval=time.time()-time_s
        if interval>38:
            dance=GetDance(matchedsong)
            time_s=time.time()
            j=j+1
            print('song changed',dance)
if j==0 and time.time()-time_s>10:
    dance=GetRandomDance()
    time_s=time.time()
    print('第一次未识别出，强行换歌', dance)
if j!=0 and time.time()-time_s>70:
    dance=GetRandomDance()
    time_s=time.time()
    print('长时间未识别出，强行换歌', dance)
if j==3 and time.time()-time_s>50:
    print('时间结束，舞蹈结束')
    break
```

4．思考与讨论

请读者编写一个简单、连续的动作，要求能够同时播放音乐。

5.1.3　实验三：机器人走迷宫

1．实验目的、要求与难点

（1）实验目的：学会使用 NAO 机器人身上的传感器并获取传感器的值。

（2）实验要求：让 NAO 机器人走出迷宫。

（3）实验难点：迷宫有起始点和终点，为了让 NAO 机器人完成走迷宫的任务，需要得到一条连接起点和终点的路径。但是，破解一个纸上的迷宫和实际在迷宫中走是不一样的。在一个巨大的迷宫中没有完整的迷宫地图，NAO 机器人并不知道如何才能正确地走出迷宫。此外，我们很难持续地记录在迷宫中走过的路，这可能会导致机器人一直绕圈。一个迷宫的示意图如图 5.30 所示。

图 5.30　一个迷宫的示意图

2．实验原理及核心内容

方法一：使用声呐。

走迷宫问题实质是一个避障的问题，即在保证机器人不碰壁的情况下离开迷宫。因此机器人在行走的过程中，要时时刻刻检测周围的障碍物，在避障的过程中走出迷宫。

机器人的胸前有声呐传感器，左边和右边各有一组，每组声呐包含一个发射端和一个接收端。可以根据声呐的函数接口获取胸前障碍物和机器人之间的距离。因此，为了完成这一任务，可以让机器人一直向前走，当前面有障碍时后退一点，然后稍微改变方向，继续向前走；一直循环这一过程，直到机器人离开迷宫。

方法二：使用机器人的摄像头。

先人为地找出走出迷宫的路径，然后让机器人使用视觉识别线索，获知在拐角处如何做出决策，从而改变机器人的移动方向。

当我们获取到迷宫的全貌时，可以得到走出迷宫的路径，然后在每一个拐角处贴上NAOMark 标记，机器人在看到 NAOMark 标记后就可以改变方向，从而走出迷宫，如图 5.31～图 5.33 所示，分别用不同的 NAOMark 标记指导机器人向左转还是向右转。

图 5.31　正确路径

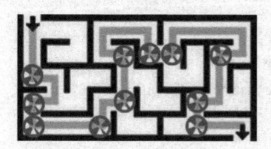

图 5.32　向左转的拐角

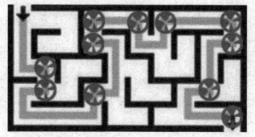

图 5.33　向右转的拐角

3. 实验过程及代码讲解

1）使用声呐模块

创建一个空项目，右击图表空间，执行"创建一个新指令盒"→"Python 语言"命令，将名字改为 sonar。

在指令盒库中搜索 Move To 指令盒，将其拖动到图表空间工作区，重复操作 3 次，这样图表空间工作区就有 3 个 Move To 指令盒和 1 个 sonar 指令盒，如图 5.34～图 5.35所示。

图 5.34　指令盒库

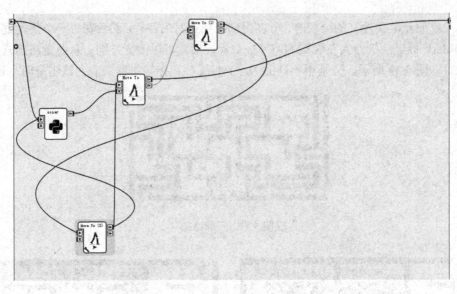

图 5.35　图表空间工作区

　　分别单击 Move To、Move To (1)、Move To (2)指令盒左下角的设置按钮，设置参数分别如图 5.36～图 5.38 所示。

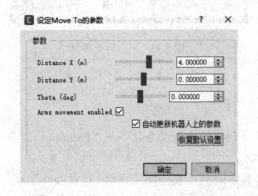

图 5.36　设置 Move To 指令盒参数

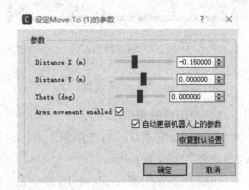

图 5.37　设置 Move To(1)指令盒参数

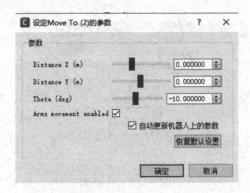

图 5.38　设置 Move To(2)指令盒参数

程序流程如下：

机器人开始向前走，以走到前方 4m 处为目标，到达之后停止。同时声呐检测前方的障碍，若检测到障碍，则提前结束 Move To，从 Move To 下面的输出端跳出 Move to 指令盒，进入 Move To (1)指令盒，机器人后退 15cm，进入 Move To (2)指令盒，机器人向右旋转 10°，继续向前走并检测前方的障碍，一直循环，直到机器人走完 4m（房间的面积为 2m²，房间对角线的距离小于 4m）。

双击 sonar 指令盒，输入以下代码：

```python
class MyClass(GeneratedClass):
    def _init_(self):
        GeneratedClass._init_(self)
        #代理记忆库及声呐模块
        self.memory = ALProxy("ALMemory")
        self.sonar = ALProxy("ALSonar")
        #设置障碍物检测的阈值
        self.check_distance = 0.30

    def onLoad(self):
        #此处放置初始化代码
        pass

    def onUnload(self):
        #此处放置清理代码
        pass

    def onInput_onStart(self):
        #订阅声呐模块
        self.sonar.subscribe("myApplication")
        while 1:
            #获取左边和右边的声呐检测障碍的距离
            left_value= self.memory.getData("Device/SubDeviceList/US/Left/Sensor/Value")
            right_value= self.memory.getData("Device/SubDeviceList/US/Right/Sensor/Value")
            #若没有障碍则无限循环
            if left_value>self.check_distance and right_value> self.check_distance:
                continue
            #若有障碍则跳出
            else:
                break
        self.onStopped()
        pass

    def onInput_onStop(self):
        self.onUnload()
        self.onStopped()
```

2）使用 NAOMark 标记

按图 5.32 和图 5.33 标记好 NAOMark 的位置。为了使机器人在行走的过程中能够看到 NAOMark 标记，将采用机器人的下摄像头搜集信息。选择下摄像头的操作如图 5.39 所示。

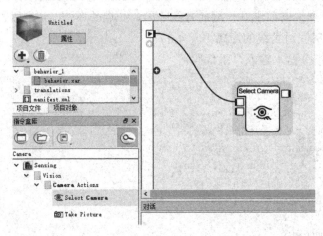

图 5.39　选择下摄像头的操作

当机器人没有看到 NAOMark 标记时，它应该继续直走。因此，使用 Timer 指令盒和 Move To 指令盒让机器人每隔几秒往前走一段距离。Timer 指令盒在流程控制中会被周期性地触发。在这个实验中设定 Timer 的周期为 5s。使用 Move To 指令盒设定向前走 40cm，如图 5.40 所示。

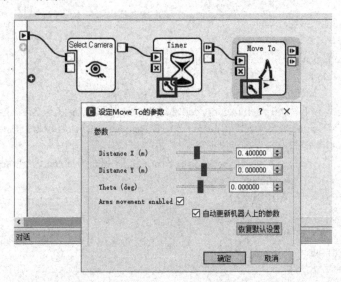

图 5.40　设置 Move To 指令盒

当 Move To 指令盒设置完成后，机器人将执行 NAOMark 检测。此时可以使用

NAOMark 指令盒。为了确保 NAOMark 只被检测一次，NAOMark 的输出将连回它本身，如图 5.41 所示。

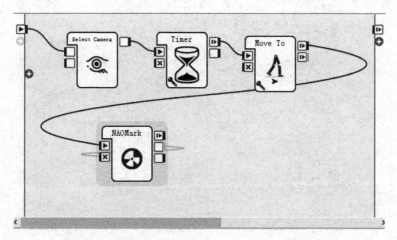

图 5.41　指令盒连线

当检测到的 NAOMark 和选择左转的 NAOMark 相符时，机器人将会向左转；反之，机器人将会向右转。在图 5.42 中，NAOMark 68 代表向左转，NAOMark 84 代表向右转。

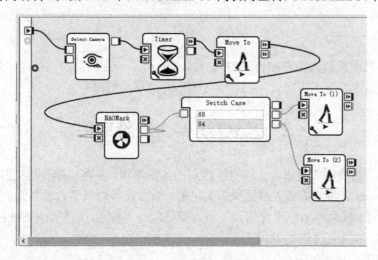

图 5.42　指令盒连线

在转弯时机器人 Timer 指令盒仍然有可能被触发。为了避免这一错误，将 Switch Case 指令盒的输出端连接到 Timer 指令盒下边的输入端，那么在这段时间内定时器就不会被触发。此外，向右转、向左转的输出必须接回 Timer 指令盒，这样机器人才可以继续往前走，如图 5.43 所示。

在运行这一程序时，机器人应该每隔 5s 就向前走。当它看到 NAOMark 68 时会向左转，然后继续向前走，而当看到 NAOMark 84 时会向右转，然后继续向前走。

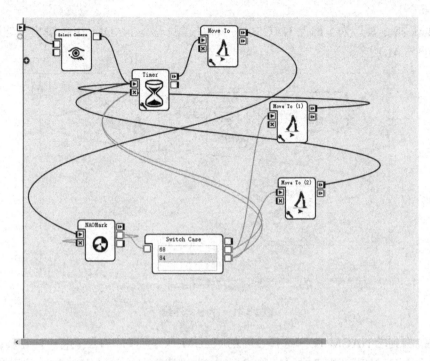

图 5.43　指令盒连线

4．思考与讨论

本实验采用机器人的声呐传感器进行障碍的检测，让机器人通过避开障碍走出迷宫。读者可以考虑一下实现避障的其他方式，并开展小组讨论。

5.2　NAO 机器人进阶应用

本节将介绍使用相关软件实现进阶应用的实验案例，并将其部署到机器人上，通过本节的学习，读者将对机器人有更深入的了解，激发读者对机器人的兴趣，进而实现机器人自主设计。同时本节也会介绍人工智能算法的相关应用，便于读者将相关算法应用到机器人中，实现更复杂的功能。

5.2.1　实验一：文字识别

语言和文字是沟通的主要媒介。本实验使用百度的 aip 包实现 NAO 机器人的文字识别与语音播报功能。

1．实验目的与要求

（1）实验目的：深入了解人工智能，学习计算机视觉等算法。

（2）实验要求：通过机器人平台实现文字识别。

2．实验原理

要完成文字识别，首先需要让机器人能够看到文字；其次机器人需要在图片中准确定位文字的位置，并将单个的文字依次提取出来。因此在机器人的存储器中存储了一系列的小单元，每个小单元包含了文字的图片信息。人类经过后天的学习，建立了文字与读音的一对一或一对多的联系，从而在语境中将文字通过语音表达出来。同理，在机器人上建立一个包含文字与语音对应关系的数据库是非常有必要的，这样机器人可以将存储器中包含单个文字的图片单元转换成语音信息。最后，机器人根据图片单元的顺序，使用扬声器将语音依次播放出来，从而实现文字识别及语音播放的整个过程。文字识别流程图如图 5.44 所示。

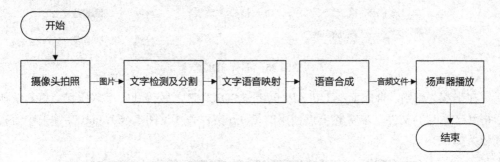

图 5.44　文字识别流程图

该实验的难点在于文字的识别与提取。机器人提取到的图片单元包含文字单元的特征及部分噪声信息。每个图片单元以三阶张量的形式表示，将其预处理之后输入神经网络，此时可得到该图片的特征向量。然后计算此向量与标准文字向量的距离，取最小值对应的文字，从而实现图片单元到文字的映射。

3．实验过程及代码讲解

牛顿曾经说过："如果我比别人看得更远，是因为我站在巨人的肩膀上。"本实验将通过百度的可编程接口实现。

1）安装百度的 aip 包并创建账号

由于图片识别这一算法模块采用百度的 API，因此需要创建百度账号并下载相关的 API。aip 包有两种安装方法，一是用 Python 安装，二是直接在官网上下载 aip 包。本实验将通过第二种方式。

aip 包内提供了语音识别、语音合成、文字识别、图像识别等模块（见图 5.45），每个模块均附有 Python SDK 的使用说明，同时提供了 SDK 的下载地址。其中，每个模块有不同的使用文档供读者查阅，下载内容包括不同语言的 SDK，如 Java、PHP、C++等。图 5.45 所示为语音识别模块中不同编程语言的 SDK 包。

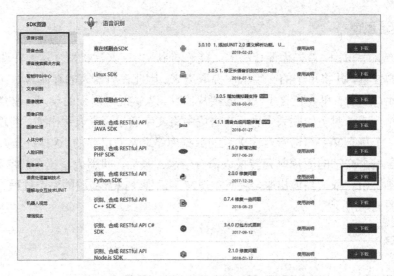

图 5.45　下载 SDK

在下载"识别、合成 RESTful API Python SDK"包之后得到一个解压包，将其解压后得到一系列的文件，本实验重点使用的是 aip 文件夹（见图 5.46），aip 文件夹中有视觉相关的 SDK。

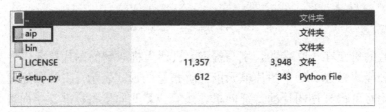

图 5.46　解压后的 SDK 包

登录百度智能云，选择"控制台"命令，然后选择 SDK 资源中的"文字识别"命令（见图 5.47），在弹出的界面中单击"创建应用"按钮，如图 5.48 所示。

图 5.47　百度智能云控制台

图 5.48　创建应用

在填写注册信息后，单击如图 5.49 所示界面中的"立即创建"按钮。

图 5.49　创建应用界面

在创建完毕后，单击"查看应用详情"按钮（见图 5.50），可以获取 AppID 等三个
参数（见图 5.51），用于百度识别用户并提供服务。

图 5.50　查看应用详情

图 5.51　获取应用参数

2）创建 Choregraphe 项目

该实验使用 Choregraphe 完成，需要先在 Choregraphe 软件中创建一个项目，并将

百度的 API 的源码导入其中。打开 Choregraphe，创建一个未保存的新项目，在项目文件栏中添加刚刚下载的 aip 文件夹。单击如图 5.52 左侧所示界面的添加按钮，选择"导入文件夹"命令，选择 aip 文件夹，添加完成后的项目文件栏如图 5.52 右侧所示。

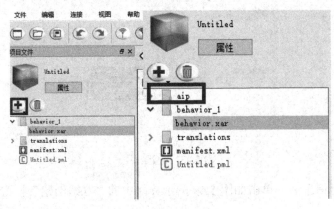

图 5.52　添加 aip 文件夹

3）添加功能指令盒

由于百度 API 提供的是将图片中的文字提取出来的工作，即百度提供了根据输入的图片输出文字字符串。机器人获取图片，将文字转换为语音信号需要我们来完成。在 Choregraphe 的指令盒库中，搜索 Stand Up、Wait、Take Picture 指令盒，将其拖动到图表空间，然后在图表空间右击，执行"创建一个新指令盒"→"Python 语言"命令，最后将其按如图 5.53 所示的顺序连线。

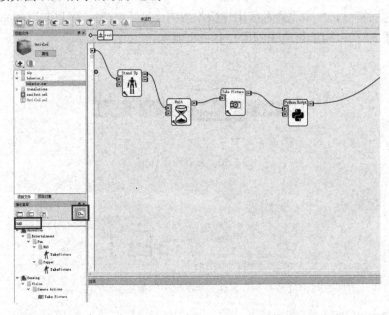

图 5.53　添加指令盒并连线

　　单击 Take Picture 指令盒左下角的设置按钮，在"Resolution"下拉列表中选择"1280×960"，在"File Name"文本框中输入文件名"image"，"Camera"设置为需要使用的机器人摄像头，此处选择"Top"，即 NAO 机器人额头处的摄像头，如图 5.54 所示。同样将 Wait 指令盒中的参数 Timeout 设置为 2s，给测试者反应时间。

图 5.54　设置拍照参数

　　双击 Python Script 指令盒，替换其中的全部代码，代码如下：

```
import sys
def mymain():
    sys.path.append("/home/nao/.local/share/PackageManager/apps/temp")

    import temp
    reload(temp)
    temp.main("127.0.0.1")

class MyClass(GeneratedClass):
    def _init_(self):
        GeneratedClass._init_(self)

    def onLoad(self):
        #此处放置初始化代码
        pass

    def onUnload(self):
        #此处放置清理代码
        pass

    def onInput_onStart(self):
        mymain()
```

```
            self.onStopped()
            pass

    def onInput_onStop(self):
        self.onUnload()
        self.onStopped()
```

4）创建 Python 脚本文件

在计算机上的其他位置创建一个名为 temp.py 的 Python 脚本文件，按照步骤 2）的方式选择"导入文件"，将其导入项目中，与 translations 文件夹同级，如图 5.55 所示。

图 5.55　添加 temp.py 文件

编写使用百度 API 的代码。双击打开 temp.py 文件，temp.py 中的代码及讲解如下：

```
# -*- encoding: UTF-8 -*-
#导入相关的代码库及代理机器人的硬件接口库
import sys
import time
from NAOqi import ALProxy
from NAOqi import ALBroker
from NAOqi import ALModule
from optparse import OptionParser
import json
from PIL import Image
#使用 aip 文件夹中的 API
from aip import AipOcr
#定义并实现主函数
def main(robotIP, PORT=9559):
    #代理 Speech 模块
    tts = ALProxy("ALTextToSpeech", robotIP, PORT)
    tts.say("开始解析")
```

```
#使用百度云接口，使用自己创建的账号及项目编号，以字符串的形式表示
#常量 APP_ID 在百度云控制台中创建
#常量 API_KEY 和 SECRET_KEY 是在创建应用完毕后，系统分配给用户的
#均为字符串，用于标识用户，为访问做签名验证
APP_ID = '10792557'
API_KEY = 'H6oeOboZbelCinlyEnBGLmGs'
SECRET_KEY = 'kAuibD1gjnkg737GqqzK18uLu9MdVvLt'
#调用 aip 文件夹
aipOcr = AipOcr(APP_ID, API_KEY, SECRET_KEY)
#由于前面使用了 take picture 模块，它将机器人摄像头获取的信息存入 jpg 文件
#所以需要读取该图片文件
def get_file_content(filepath):
    with open(filepath, 'rb') as fp:
        return fp.read()
options = {
    'detect_direction': 'true',
    'language_type': 'CHN_ENG',
}
image=get_file_content("/home/nao/recordings/cameras/image.jpg")
#通过百度 API 获取图片处理之后的信息
result = aipOcr.general(image,options)
#设置编码格式
sys.setdefaultencoding( "utf-8" )
print(json.dumps(result).decode("unicode-escape"))
#json 处理返回结果
wordsdiction = json.loads(json.dumps(result))
#将检测到的文字按顺序说出
num = wordsdiction["words_result_num"]
for i in range(0, num):
    num2 = wordsdiction["words_result"][i]
    value = num2["words"]
    type(value)
    wordsdiction2 = json.dumps(value).decode("unicode-escape")
    type(wordsdiction2)
    print(wordsdiction2)
    tts.say(wordsdiction2.encode("utf-8"))
#执行程序
if _name_ == "_main_":
    main()
```

5）程序上传到 NAO 机器人

在项目编写完成之后，需要上传到机器人才能执行。修改属性并将项目打包到机器人中（见图 5.56），将其中的应用程序标题和识别码按如图 5.57 所示的格式设置，建议与脚本文件一致。

图 5.56　修改属性

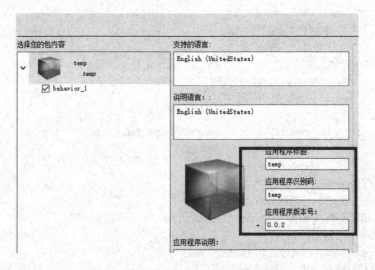

图 5.57　设置应用程序标题和识别码

　　使用 Choregraphe 连接机器人，并且将机器人所在路由器接入互联网。单击上传按钮将当前项目和程序打包并上传到机器人上。然后单击程序执行按钮执行程序，如图 5.58 所示。

图 5.58　将项目和程序上传到机器人

4．实验结果

在执行程序时，机器人会将摄像头调到合适的位置，此时可将身份证放在机器人摄像头的前方，机器人在拍摄照片后，会将文字识别的结果说出来。由于百度云算法的原因，当文字换行时，机器人表述会有卡顿现象，语言衔接不够连贯。文字识别的准确率超过 90%。有兴趣的读者可以自己开发文字识别算法，并将其应用到 NAO 机器人中。

5．思考与讨论

在该实现的 temp.py 中，通过 result = aipOcr.general(image,options)获取 API 的返回信息，尝试单步调试这一行代码，获取 result 的返回结果。

5.2.2　实验二：人脸检测

如今人脸检测已在生活中广泛运用，如手机解锁、火车站检票、刷脸支付等。本实验同样使用百度的人脸检测 API 接口，实现人脸特征的提取。

1．实验目的与要求

（1）实验目的：了解百度的人工智能平台，学习一些爬虫知识，展示人工智能给生活带来的便利。

（2）实验要求：使用百度的人脸检测 API，实现人脸特征提取。

2．实验原理

进行人脸检测的前提是得让机器人能够看到人脸。此实验将通过机器人的摄像头给人脸拍照，机器人在得到包含人脸的照片后，定位并分割人脸，提取人脸的特征。最后机器人将识别到的人脸特征通过语言表达出来。人脸检测流程图如图 5.59 所示。

图 5.59　人脸检测流程图

该实验的核心是人脸特征提取。首先将图片信息输入已训练的神经网络，得到该人脸的特征向量，其中向量的每个单元表示人脸的一个特征，或输出一定的数据。最后从这一向量中提取人脸的特征。

3．实验过程及代码讲解

1）安装百度的 aip 包并创建账号

人脸检测同样使用百度的 API。aip 包的安装及使用在 5.2.1 节已详细介绍，直接在官网上下载 aip 包，并安装。

aip 包提供的每个模块均有 Python SDK 的使用说明，同时每个模块也提供了 SDK 的下载地址。图 5.60 所示是语音识别的模块，该模块包含视觉等 SDK。

图 5.60　下载 SDK

在下载 SDK 包之后得到一个解压包，将其解压后得到一系列的文件，本实验重点使用的是 aip 文件夹，如图 5.61 所示。

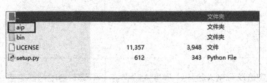

图 5.61　解压后的 SDK 包

登录百度智能云，选择"控制台"命令，然后选择 SDK 资源中的"人脸识别"命令（见图 5.62），在弹出的界面中单击"创建应用"按钮，如图 5.63 所示。

图 5.62　选择"人脸识别"命令

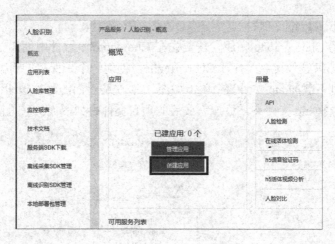

图 5.63　创建应用

在填写注册信息后，单击如图 5.64 所示界面中的"立即创建"按钮。

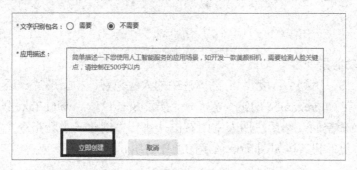

图 5.64　立即创建

在创建完成后，单击"查看应用详情"按钮（见图 5.65），可以获取 AppID 等三个参数（见图 5.66），用于百度识别用户并提供服务。

图 5.65　创建完成

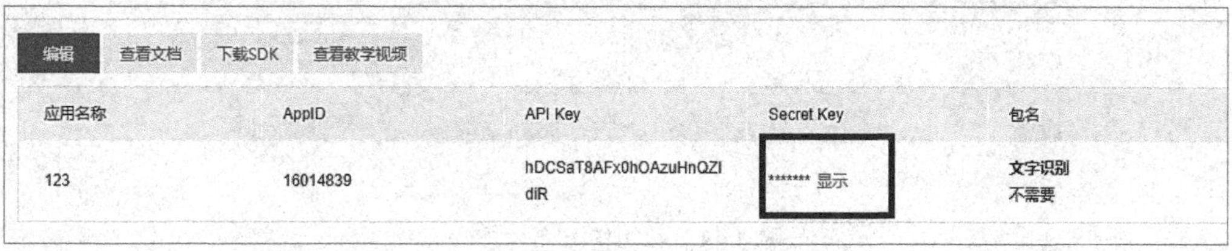

应用名称	AppID	API Key	Secret Key	包名
123	16014839	hDCSaT8AFx0hOAzuHnQZldlR	******** 显示	文字识别 不需要

图 5.66　获取应用参数

2）创建 Choregraphe 项目

该实验使用 Choregraphe 完成，需要先在 Choregraphe 软件中创建一个项目，并将百度的 API 的源码导入其中。打开 Choregraphe，创建一个未保存的新项目，在项目文件栏中添加刚刚下载的 aip 文件夹；单击如图 5.67 左侧界面的添加按钮，选择"导入文件夹"命令，选择 aip 文件夹，添加完成后的项目文件栏如图 5.67 右侧所示。

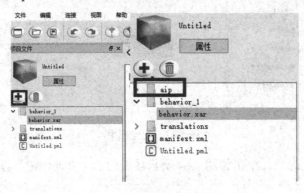

图 5.67　添加 aip 文件夹

3）添加功能指令盒

本实验仍然只用到了百度 API 的图片中的人脸识别，拍摄图片、语音输出模块仍然需要编写。在 Choregraphe 的指令盒库中，搜索 Stand Up、Wait、Take Picture 指令盒，将其拖动到图表空间，然后在图表空间右击，执行"创建一个新指令盒"→"Python语言"命令，最后将其按如图 5.68 所示的顺序连线。

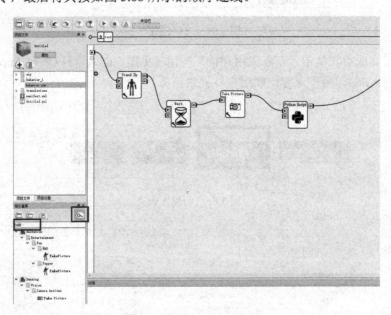

图 5.68　添加指令盒并连线

　　单击 Take Picture 指令盒左下角的设置按钮，在"Resolution"下拉列表中选择"1280×960"，在"File Name"文本框中输入文件名"image"，"Camera"设置为需要使用的机器人摄像头，此处选择"Top"，即 NAO 机器人额头处的摄像头，如图 5.69 所示。同样将 Wait 指令盒中的参数 Timeout 设置为 2s，给测试者反应时间。

图 5.69　设置摄像头参数

　　双击 Python Script 指令盒，替换其中的程序代码，代码如下：

```
import sys
def mymain():
    sys.path.append("/home/nao/.local/share/PackageManager/apps/testface")

    import testface
    reload(testface)
    testface.main("127.0.0.1")

class MyClass(GeneratedClass):
    def _init_(self):
        GeneratedClass._init_(self)

    def onLoad(self):
        #此处放置初始化代码
        pass

    def onUnload(self):
        #此处放置清理代码
        pass

    def onInput_onStart(self):
        mymain()
        self.onStopped()
```

```
        pass

    def onInput_onStop(self):
        self.onUnload()
        self.onStopped()
```

4）创建 Python 脚本文件

使用百度 API 编写人脸识别的代码，并将其导入项目中。在计算机上的其他位置创建一个名为 testface.py 的 Python 脚本文件，按照步骤 2）的方式选择"导入文件"命令，将其导入项目中，与 translations 文件夹同级，如图 5.70 所示。

图 5.70　添加 testface.py 文件

双击打开 testface.py 文件，testface.py 中的代码及讲解如下：

```
# -*- encoding: UTF-8 -*-
#导入相关的第三方库
import base64
import json
import sys
import time
import requests
from optparse import OptionParser
#导入代理机器人的硬件接口库
from NAOqi import ALProxy
from NAOqi import ALBroker
from NAOqi import ALModule
#添加系统路径
sys.path.insert(0,"/home/nao/.local/share/PackageManager/apps/testface")
#使用 aip 文件夹中的 API
from aip import AipFace

def main(robotIP, PORT=9559):
```

```
#代理 Speech 模块
tts = ALProxy("ALTextToSpeech", robotIP, PORT)
tts.say("开始检测")
#使用百度云接口，使用自己创建的账号及项目编号，以字符串的形式表示
#常量 APP_ID 在百度云控制台中创建
#常量 API_KEY 和 SECRET_KEY 是在创建应用完毕后，系统分配给用户的
#均为字符串，用于标识用户，为访问做签名验证
APP_ID = '11340325'
API_KEY = '3wfy5pfa2Top52Oej42tMFQ8'
SECRET_KEY = 'A3GUtePB5MOLRDqVLHxVTHy3DBjBvmQU'
#调用 aip 文件夹
client = AipFace(APP_ID, API_KEY, SECRET_KEY)
#读取 take picture 获取的图片文件
def get_file_content(filePath):
    with open(filePath, 'rb') as fp:
        return fp.read()
image=base64.b64encode(get_file_content("/home/nao/recordings/cameras/image.jpg"))
imagetype="BASE64"
#设置需要得到的特征
options={"face_field":"age,beauty,expression,faceshape,gender,race"}
#返回人脸特征
result=client.detect(image,imagetype,options)
facelist=result["result"]["face_list"]
#分别将识别到的人脸特征表示出来
for i in facelist:
    if 'face_probability' in i.keys():
        faceprobability=i["face_probability"]
        faceprobability=round(faceprobability,4)
        print("人脸置信度为" + bytes(faceprobability))
        tts.say("人脸置信度为" + bytes(faceprobability))
    if 'age' in i.keys():
        age=i["age"]
        print("估计你今年"+bytes(age)+"岁")
        tts.say("估计你今年"+bytes(age)+"岁")
    if 'beauty' in i.keys():
        beauty=i["beauty"]
        endb=90+beauty/10
        endb=round(endb,4)
        print("形象打分"+bytes(endb)+"分")
        tts.say("形象打分"+bytes(endb)+"分")
    if 'expression' in i.keys():
        res=str
        itype=i["expression"]["type"]
        if itype=="none":res="没有笑"
        elif itype=="smile":res="在微笑"
```

```
                    else :res="在大笑"
                    prob=i["expression"]["probability"]
                    prob=round(prob,4)
                    print("有"+bytes(prob)+"的概率认为你"+res)
                    tts.say("有"+bytes(prob)+"的概率认为你"+res)
            if 'face_shape' in i.keys():
                    res = str
                    itype=i["face_shape"]["type"]
                    if itype=="square":res="正方形"
                    elif itype=="triangle":res="三角形"
                    elif itype=="oval":res="椭圆"
                    elif itype=="heart":res="心形"
                    else :res="圆形"
                    prob=i["face_shape"]["probability"]
                    prob=round(prob,4)
                    print("有" + bytes(prob) + "的概率认为你的脸型是" + res)
                    tts.say("有" + bytes(prob) + "的概率认为你的脸型是" + res)
            if 'gender' in i.keys():
                    res = str
                    itype=i["gender"]["type"]
                    if itype=="male":res="男性"
                    else:res="女性"
                    prob = i["gender"]["probability"]
                    prob=round(prob,4)
                    print("有" + bytes(prob) + "的概率认为你是" + res)
                    tts.say("有" + bytes(prob) + "的概率认为你是" + res)
            if 'race' in i.keys():
                    res = str
                    itype = i["race"]["type"]
                    if itype=="yellow":res="黄种人"
                    elif itype=="white":res="白种人"
                    elif itype=="black":res="黑种人"
                    else:res="阿拉伯人"
                    prob = i["race"]["probability"]
                    prob=round(prob,4)
                    print("有" + bytes(prob) + "的概率认为你是" + res)
                    tts.say("有" + bytes(prob) + "的概率认为你是" + res)
    #执行程序
    if _name_ == "_main_":
        main()
```

5）程序上传到 NAO 机器人

在编写完程序之后，需要上传到机器人上才能执行。修改属性并将项目打包到机器人上（见图 5.71），将其中的应用程序标题和识别码按如图 5.72 所示的格式设置，建议与脚本文件一致。

图 5.71　修改属性　　　　　　　　图 5.72　设置应用程序标题和识别码

使用 Choregraphe 连接机器人，并且将机器人所在的路由器接入互联网。单击上传按钮将当前项目和程序打包并上传到机器人。然后单击程序执行按钮执行程序，如图 5.73 所示。

图 5.73　项目上传

4．实验结果

在程序执行时，机器人会将摄像头调到合适的位置，此时可将人脸移动到机器人摄像头的前方，机器人在拍摄照片之后，会将检测结果（人脸特征）通过语音播放出来，人脸特征可在 testface.py 中设置，比如肤色，年龄等。该实验的效果会受周围环境因素影响，产生较大的误差，如光线等，总体效果的准确率超过 90%。

5．思考与讨论

在该实验的 testface.py 中，通过 result=client.detect(image,imagetype,options)获取 API 的返回信息，读者尝试单步调试这一行代码，获取 result 的返回结果；尝试修改代码，获取其他的人脸信息。

5.2.3　实验三：智能语音交互

人类通过语言进行沟通，需要听懂别人的话，也需要将自己的想法通过语言表达出来。本节将介绍一个机器人与人类语音交互的实验案例。

1. 实验目的与要求

（1）实验目的：学习语音处理，调用科大讯飞的 API，展示人工智能中自然语言处理的魅力。

（2）实验要求：实现机器人与人脸的智能语音交互功能。

2. 实验原理

首先，机器人通过麦克风采集外界的环境信息，提取人类的语音信息，将音频转换成语言文字序列。然后，对文字序列进行语法、语义分析，实现对语言的理解。最后，提取语言中的话题，在语料库中找到接近的类型，并挑选出最优回复，将其转化成音频信号，通过扬声器呈现给人类。语音交互流程图如图 5.74 所示。

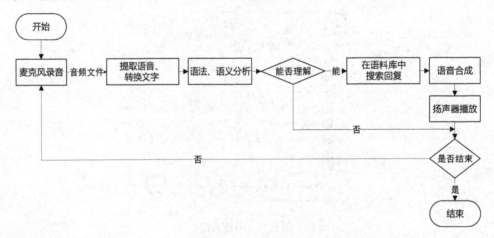

图 5.74　语音交互流程图

在自然语言处理中，通常将组成句子的词以词向量的形式表示。在语音信号转换为文字序列后，将文字序列以词向量的序列输入到循环神经网络，对其进行语法、语义分析，最后得到句子的特征。

3. 实验过程及代码讲解

该案例通过科大讯飞公司的网络端接口实现。

1）在科大讯飞官网创建账号

类似于使用百度 API，此案例需要创建科大讯飞账号并使用其 API。进入科大讯飞官网的开发者平台，在完成账号注册后，单击"控制台"命令进行设置，设置界面如图 5.75 所示。

图 5.75　设置界面

在创建应用时，选择"WebAPI"应用平台，输入应用名称，选择应用分类，如图 5.76 所示。

图 5.76　创建应用

返回上一界面，选择创建的应用，进入设置界面，可以得到各种参数，包括 APPID、API Key、authId，如图 5.77～图 5.79 所示。

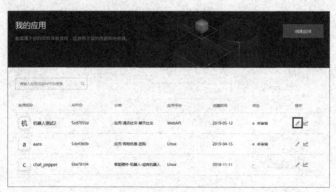

图 5.77　获取项目参数

图 5.78　APPID 和 API Key　　　　　　　　图 5.79　authId

在应用配置中添加需要的技能，如百科（见图 5.80），读者也可以尝试添加其他的内容。然后关闭 IP 白名单，如图 5.81 所示。

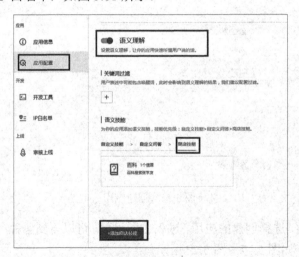

图 5.80　添加技能

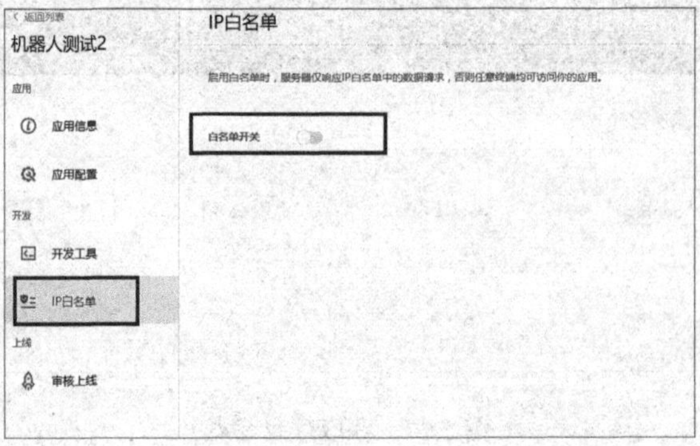

图 5.81　关闭 IP 白名单

2）创建 Choregraphe 项目

此案例通过请求科大讯飞的 Web 接口，不需要下载 SDK，只需要创建一个新项目。同时需要编写其他的模块，完成整个项目。

右击 Choregraphe 图表空间，创建三个 Python 语言指令盒：Test、Sound Process、LED，按如图 5.82 所示的顺序连接。

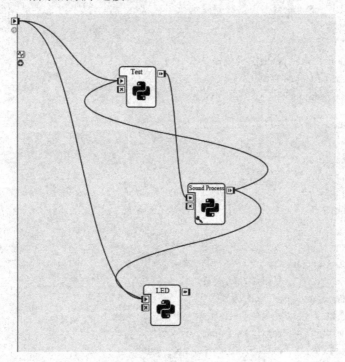

图 5.82　连接顺序

3）编辑指令盒内容及设置 Sound Process

Test 指令盒的替换代码如下：

```python
class MyClass(GeneratedClass):
    def _init_(self):
        GeneratedClass._init_(self)
        self.record=ALProxy("ALAudioRecorder")

    def onLoad(self):
        #此处放置初始化代码
        pass

    def onUnload(self):
        #此处放置清理代码
        self.record.stopMicrophonesRecording();
        pass
```

```
def onInput_onStart(self):
    import time
    record_path="/home/nao/recordings/microphones/record.wav"
    self.record.startMicrophonesRecording(record_path,'wav',16000,(0,0,1,0))
    time.sleep(5)
    self.record.stopMicrophonesRecording();
    self.onStopped() #该函数完成录音
    pass

def onInput_onStop(self):
    self.onUnload()
    self.onStopped()
```

Sound Process 指令盒的替换代码如下：

```
import sys
import requests
import time
import hashlib
import base64
import json

class MyClass(GeneratedClass):
    def _init_(self):    #基础参数的设置
        GeneratedClass._init_(self)
        self.led=ALProxy('ALLeds')
        self.tts = ALProxy("ALAnimatedSpeech")
        self.URL = "http://openapi.xfyun.cn/v2/aiui"
        self.AUE = "raw"
        self.DATA_TYPE = "audio"
        self.SAMPLE_RATE = "16000"
        self.SCENE = "main"
        self.RESULT_LEVEL = "complete"
        self.LAT = "39.938838"
        self.LNG = "116.368624"

    def onLoad(self):
        #此处放置初始化代码
        pass

    def onUnload(self):
        #此处放置清理代码
        pass

    def onInput_onStart(self):
```

```
            APPID = self.getParameter("APPID")
            API_KEY = self.getParameter("API_KEY")
            AUTH_ID = self.getParameter("AUTH_ID")
            self.led.reset("FaceLeds")
            configuration = {"bodyLanguageMode":"contextual"}
            binfile = open("/home/nao/recordings/microphones/record.wav", 'rb')
            data = binfile.read()

            curTime = str(int(time.time()))
            param=
"{\"result_level\":\""+self.RESULT_LEVEL+"\",\"auth_id\":\""+AUTH_ID+"\",\"data_type\":\""+self.DAT
A_TYPE+"\",\"sample_rate\":\""+self.SAMPLE_RATE+"\",\"scene\":\""+self.SCENE+"\",\"lat\":\""+self.L
AT+"\",\"lng\":\""+self.LNG+"\"}"    #组建向云服务器发送的报文
            paramBase64 = base64.b64encode(param)

            m2 = hashlib.md5()
            m2.update(API_KEY + curTime + paramBase64)
            checkSum = m2.hexdigest()

            header = {
                'X-CurTime': curTime,
                'X-Param': paramBase64,
                'X-Appid': APPID,
                'X-CheckSum': checkSum,
            }
            r = requests.post(self.URL, headers=header, data=data)    #向服务器发送请求
            result_json = json.loads(r.content)
            datas = result_json["data"]
            findres=False
            for i in datas:
                if i["sub"] == "nlp":
                    nlpintent = i["intent"]
                    if "answer" in nlpintent.keys():
                        a = nlpintent["answer"]["text"]    #获取返回值
                        findres=True
                        print(a)
                        self.tts.say(a.encode("utf-8"),configuration)    #语音播放
            self.onStopped()
            pass
```

LED 指令盒的替换代码如下：

```
    class MyClass(GeneratedClass):
        def _init_(self):
            GeneratedClass._init_(self)
```

```
        self.leds = ALProxy("ALLeds")

    def onLoad(self):
        #此处放置初始化代码
        pass

    def onUnload(self):
        #此处放置清理代码
        pass

    def onInput_onStart(self):
        self.leds.rotateEyes(255,1.0,5.0)
        self.onStopped()
        pass

    def onInput_onStop(self):
        self.onUnload()
```

　　右击 Sound Process 指令盒，单击"参数"下拉列表后的加号按钮，得到左侧的对话框，依次添加三个参数：APPID、API_KEY、AUTH_ID，将三个参数类型都设置为字符串，如图 5.83 所示。

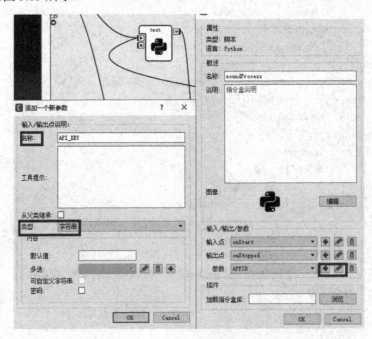

图 5.83　设置 Sound Process 指令盒

　　在添加三个参数之后，单击 Sound Process 指令盒的设置按钮，输入第一步创建科大讯飞项目时得到的三个参数 APPID、API_KEY 和 AUTH_ID（见图 5.84），用于科大讯飞识别用户并提供服务。

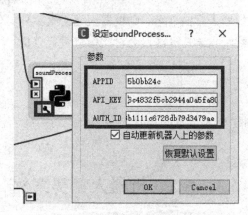

图 5.84　输入参数

4）完善案例

完成案例的其他部分，并上传到机器人上。单击"属性"按钮修改属性，更改应用程序标题、应用程序识别码和应用程序版本号，此处随意填写，但不能使用中文，最后按照图 5.85 设置 NAOqi 要求和机器人要求。

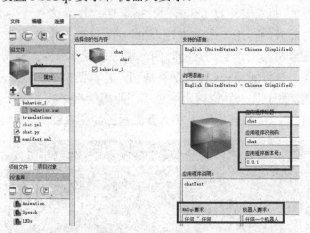

图 5.85　修改属性

将程序打包后上传到机器人，并单击程序执行按钮执行程序，如图 5.86 所示。

图 5.86　上传程序

4. 实验结果

在程序执行时，若机器人眼睛变蓝，则机器人处于采集外界信息的状态。此时可以询问一些问题，如百科武汉大学，机器人会对此信息进行分析，回复一些武汉大学的相关信息。

5. 思考与讨论

读者可以尝试在创建科大讯飞账户时，添加一些新的商店技能，并与机器人进行智能对话。

5.3　NAO 机器人竞赛案例

5.3.1　NAO 机器人双人接力赛

1. 规则简介

在比赛开始前，两台机器人相对站立在相邻的两个赛道（见图 5.87），位于两个接力棒起点（白线外），每条赛道宽 0.8m，长 3m。哨声作为比赛开始信号，第一台机器人在识别到哨声之后开始行走，行走 3m 到达终点后，第二台机器人才能开始行走。记录哨声吹响到第二台机器人走到终点的时间，用时最短者获胜。若第二台机器人抢跑，则将其移回起始点，并将成绩+5s 作为最终成绩；若机器人在行走过程中走出赛道，则需要将其移回赛道，置于与出界位置距终点相同距离的水平线上，两台机器人走出赛道累计三次直接判负。NAO 机器人双人接力赛流程图如图 5.88 所示。

图 5.87　比赛地图

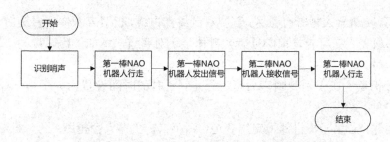

图 5.88　NAO 机器人双人接力赛流程图

2．关键点解析

1）识别哨声

机器人自带麦克风，在识别到声音后，分析其频率、振幅等，设置合适的参数判断其是否为哨声。

存在问题：机器人听不见哨声；识别失误，将其他声音判断为哨声。

2）机器人在赛道内行走

（1）机器视觉方案。

机器人带有两个摄像头，对摄像头中获取的图像进行分析，检测赛道边界——白线，根据识别到白线的位置和角度进行补偿，改变移动方向，避免走出赛道。

存在问题：由于机器人本身的硬件限制，机器人获取摄像头中的数据及处理图像有较大的延迟，导致机器人在行走过程中，以"S"形轨迹到达终点，增加了比赛时间。

（2）PID 控制。

机器人本身具有惯性传感器，以开始位置为原点建立笛卡尔坐标系，可以从传感器中获取机器人的 x 坐标轴、y 坐标轴的偏移量、速度、加速度。根据机器人的惯性传感器的参数设置合适的 P、I、D 值，让机器人行走更直。

存在问题：设置 P、I、D 值需要大量的时间进行重复性实验，也受到比赛场地地面等因素的影响，需要根据场地特征及机器人的硬件状态（如电量等）设置参数，增加了调试时间。

3）机器人接力

（1）机器人之间进行信息交流。

第一棒机器人计算出自己的位移，判断是否到达终点。在确认到达终点后采用 Socket 给第二棒机器人发送可以开始行走的指令。

存在问题：此种方式需要两台机器人连接同一个局域网，比赛时的网络干扰较为严重，可能接收不到信息。由于机器人的硬件限制，对位移的计算存在偏差，可能导致第二棒抢跑或停顿一段时间后出发。

（2）第二棒机器人识别第一棒机器人压住终点白线。

第二棒机器人的摄像头需要能够看到第一棒赛道的终点处的白线，当白线被压住之后开始行走。

存在问题：机器人视野有盲区，若要看到终点白线，机器人身体需要旋转一定角度，这样第二棒机器人在行走之前必须旋转身体至正对赛道，增加了比赛时间。

（3）延时。

第二棒机器人在识别到哨声后延时行走，延时的时间设置为大于第一棒机器人走到终点的时间。

存在问题：若第一棒机器人走出赛道，则第二棒机器人会抢跑；两台机器人是否都能准确识别哨声会影响比赛成绩。

3. 解决方案及代码讲解

1）PID 控制及 Socket 通信

第一棒机器人的指令盒如图 5.89 所示。其中，Sound Peak 和 Wait 指令盒可以在指令盒库中搜索，单击左下角的设置按钮可修改参数，如图 5.90 所示。参数 Sensibility 为对声音的波峰的敏感程度，数值越低，越不会被其他声音干扰；参数 Timeout 为时间延迟，可设为第一棒机器人到达终点需要的时间。Move 和 SockSend 指令盒是创建的 Python 语言指令盒，分别用于 PID 控制机器人行走及发送第一棒机器人到达终点的信号。

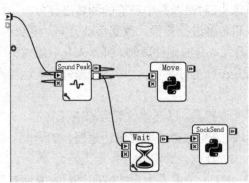

图 5.89　第一棒机器人的指令盒

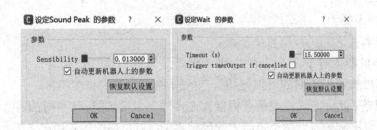

图 5.90　设置 Sound Peak 和 Wait 指令盒参数

Move 指令盒代码如下：

```
import time
import almath
```

```python
import math
import numpy as np
class MyClass(GeneratedClass):
    def _init_(self):
        GeneratedClass._init_(self)
        #代理机器人的接口，移动，获取内存中传感器的值
        self.motionProxy = ALProxy("ALMotion")
        self.memoryProxy = ALProxy("ALMemory")
        #需要调的参数：移动速度，终点距离，P、I、D 值
        self.velority = 0.3
        self.distance = 3.1
        self.P = 0.1
        self.I = 0.0003
        self.D = 0.0001

    def onLoad(self):
        #此处放置初始化代码
        pass

    def onUnload(self):
        #此处放置清理代码
        pass

    def onInput_onStart(self):
        #机器人行走参数
        maxstepx = 0.08
        maxstepy = 0.00
        maxsteptheta = 0.4
        maxstepfrequency = 0.85
        stepheight = 0.02
        torsowx = 0.0
        torsowy = 0.0
        moveConfig = [["MaxStepX",maxstepx],
                ["MaxStepY",maxstepy],
                ["MaxStepTheta",maxsteptheta],
                ["MaxStepFrequency",maxstepfrequency],
                ["StepHeight",stepheight],
                ["TorsoWx",torsowx],
                ["TorsoWy",torsowy]]

        #move 代理的初始化
        self.motionProxy.moveInit()
        robotPosition = self.motionProxy.getRobotPosition(False)

        #获取初始的位置坐标
```

```
            useSensorValues = False
            initRobotPosition=almath.Pose2D(self.motionProxy.getRobotPosition(useSensorValues))

            # PID 积分项初始化
            yaw_err_intergral = 0
            yaw_PID = np.zeros(10000)
            Theta0=self.memoryProxy.getData("Device/SubDeviceList/InertialSensor/AngleZ/Sensor/Value")

            i = 0
            while True:
            #获取机器人位置坐标
            robotNewPosition=almath.Pose2D(self.motionProxy.getRobotPosition(useSensorValues))
            #计算里程
            robotMove=almath.pose2DInverse(initRobotPosition)*robotNewPosition
            #计算角度偏差
            Theta=self.memoryProxy.getData("Device/SubDeviceList/InertialSensor/AngleZ/Sensor/Value")
- Theta0
            #比例项
            yaw_PID[i] = Theta
            #积分项
            yaw_err_intergral = yaw_err_intergral + yaw_PID[i]
            #计算微分项，设置 PID 控制器
            wz = self.P*yaw_PID[i] + self.I*yaw_err_intergral + self.D*(yaw_PID[i]-yaw_PID[i-1])
            #设置机器人运动的距离和速度，让机器人按照一定的移动速度运动，到达目的地后停止
            if robotMove.x <= self.distance:
                #当距离不够时，机器人在 PID 控制下以一定速度向着终点移动
                self.motionProxy.move(self.velority,0.0,-wz,moveConfig)
            else:
                #当到达目的地时，机器人停下并待机
                self.motionProxy.move(0.0,0.0,0.0,moveConfig)
                break
                i = i + 1
                self.onStopped()

        def onInput_onStop(self):
            self.onUnload()
            self.onStopped()
```

以下是部分代码解析：

（1）self.motionProxy.getRobotPosition：返回机器人在世界坐标系中的位置。

（2）self.memoryProxy.getData：获取内存中的数据，需要输入参数，参数为传感器名称。

（3）self.motionProxy.move：控制机器人行走，第一个参数是坐标轴 x 的值，单位为 m；第二个参数是坐标轴 y 的值，单位为 m；第三个参数是角度，单位为°；第四个

参数是行走参数，一个字典对象。

SockSend 指令盒代码如下：

```python
import socket
import sys
import time
import numpy as np
class MyClass(GeneratedClass):
    def _init_(self):
        GeneratedClass._init_(self)
        #设置 IP 地址和端口，IP 地址为第二棒机器人的 IP 地址
        self.red_robot_IP = '192.168.43.253'
        self.LISTEN_PORT = 12456

    def onLoad(self):
        #此处放置初始化代码
        pass

    def onUnload(self):
        #此处放置清理代码
        pass

    def onInput_onStart(self):
        #与第二棒机器人建立连接
        self.sock = socket.socket(socket.AF_INET, socket.SOCK_STREAM)
        self.sock.connect((self.red_robot_IP, self.LISTEN_PORT))
        CONNECT = True
        #发送第一棒机器人到达终点的信息
        if CONNECT == True:
            self.sock.send('FORWARD')
            buf = self.sock.recv(1024)
            print buf
        i = 0
        #设置延时
        while i < 200:
            print "connecting!"
            time.sleep(2)
            i = i + 1
        #断开连接
        self.sock.close()
        self.onStopped()

    def onInput_onStop(self):
        self.onUnload()
        self.onStopped()
```

以下是部分代码解析：

（1）socket.socket(socket.AF_INET, socket.SOCK_STREAM)：socket()函数用于创建与指定的服务提供者绑定的套接字，第一个参数是协议的地址家族，AF_INET 家族包括 Internet 地址，第二个参数用于指定套接字的类型，SOCK_STREAM 是指使用 TCP。

（2）self.sock.connect(self.red_robot_IP,self.LISTEN_PORT)：建立连接，第一个参数是 IP 地址，第二个参数是端口号，可以设置为 1024 到 65535 之间的任意数。

（3）self.sock.recv(1024)：接收 TCP 数据，数据以字符串形式返回，参数是要接收的最大数据量。

第二棒机器人的指令盒如图 5.91 所示。其中，SockRe 指令盒用于接收第一棒机器人发送的信息；Move 指令盒用于控制机器人行走，和第一棒机器人的 Move 指令盒相同。

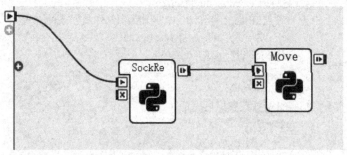

图 5.91　第二棒机器人的指令盒

SockRe 指令盒代码如下：

```
import socket
import sys
import time
class MyClass(GeneratedClass):
  def _init_(self):
    GeneratedClass._init_(self)
    #设置 IP 地址和端口，IP 地址为第二棒机器人的 IP 地址
    self.red_robot_IP = '192.168.43.253'
    self.LISTEN_PORT = 12456

  def onLoad(self):
    #用于倾听端口，为接收第一棒机器人发送的信息做准备
    self.sock = socket.socket(socket.AF_INET, socket.SOCK_STREAM)
    self.sock.bind((self.red_robot_IP, self.LISTEN_PORT))
    self.sock.listen(10)
    pass

  def onUnload(self):
    #此处放置清理代码
    pass

  def onInput_onStart(self):
    #接收信息
```

```
        while True:
        connection,address = self.sock.accept()
        buf = connection.recv(1024)
        print "get:[", buf, "]"
        if buf == self.COMMAND_FORWARD:
            self.tts.say("get")
            break
    #断开连接
    connection.close()
    self.sock.close()
    self.onStopped()

def onInput_onStop(self):
    self.onUnload()
    self.onStopped()
```

以下是部分代码解析：

（1）self.sock.bind((self.red_robot_IP, self.LISTEN_PORT))：将地址绑定到套接字中。

（2）self.sock.listen(10)：开始 TCP 监听，参数是可以挂起的最大连接数量。

2）图像处理

前文完成的 NAO 机器人双人接力赛是基于 PID 控制让 NAO 机器人直线行走完成的。此处，使用 NAO 机器人的摄像头获取图像并进行分析，检测赛道边界——白线，根据识别到白线的位置和角度进行补偿，改变移动方向，避免走出赛道。基于图像检测行走流程图如图 5.92 所示。

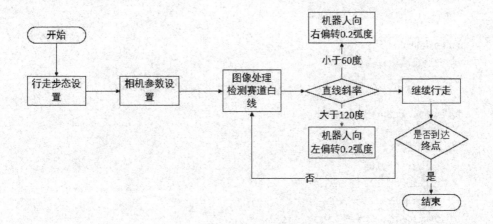

图 5.92　基于图像检测行走流程图

第一棒机器人的指令盒如图 5.93 所示。其中，Sound Peak 指令盒用于识别哨声，与 PID 控制及 Socket 通信方案中的 Sound Peak 指令盒相同；MoveI 指令盒用于控制机器人沿着赛道行走。

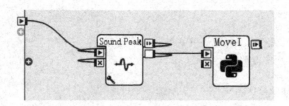

图 5.93　第一棒机器人的指令盒

MoveI 指令盒代码如下：

```python
import cv2
import numpy as np
import math
from PIL import Image
import vision_definitions
import time

class MyClass(GeneratedClass):
  def _init_(self):
    GeneratedClass._init_(self)
     #代理机器人的各种接口
    self.motionProxy = ALProxy("ALMotion")
    self.postureProxy = ALProxy("ALRobotPosture")
    self.camProxy = ALProxy("ALVideoDevice")

  def onLoad(self):
  #此处放置初始化代码
  pass

  def onUnload(self):
  #此处放置清理代码
  pass

  def onInput_onStart(self):
    i = 0
    #设置机器人的步态
    maxstepx = 0.04
    maxstepy = 0.14
    maxsteptheta = 0.4
    maxstepfrequency = 0.5
    stepheight = 0.02
    torsowx = 0.0
    torsowy = 0.0
    moveConfig = [["MaxStepX",maxstepx],
            ["MaxStepY",maxstepy],
            ["MaxStepTheta",maxsteptheta],
```

```
                    ["MaxStepFrequency",maxstepfrequency],
                    ["StepHeight",stepheight],
                    ["TorsoWx",torsowx],
                    ["TorsoWy",torsowy]]
#初始化机器人姿态
self.postureProxy.goToPosture("StandInit", 0.5)
self.motionProxy.moveInit()
#设置机器人头部角度，调节相机的位置
self.motionProxy.setAngles('HeadPitch', 10*math.pi/180.0, 0.8)
#使用下摄像头
self.camProxy.setActiveCamera(1)
#订阅摄像头拍摄图片这一事件，设置颜色空间参数及其他参数
resolution = vision_definitions.kQVGA
colorSpace = vision_definitions.kBGRColorSpace
fps = 30
nameId = self.camProxy.subscribe("python_GVM", resolution, colorSpace, fps)
self.camProxy.setCamerasParameter(nameId,22,2)

x=[]
y=[]
stiffness=1
#设置机器人的相对坐标系，便于计算机器人的位移
robotPosition=self.motionProxy.getRobotPosition(0)
n=robotPosition[2]
currentPosition=[0,0,0]
while True:
    #计算相对位移和机器人偏转角度
    robotNewPosition=self.motionProxy.getRobotPosition(0)
    currentPosition[0]=((robotNewPosition[0]-robotPosition[0])*100)*math.cos(n) +((robotNewPosition
[1]-robotPosition[1])*100)*math.sin(n)
    currentPosition[1]=((robotNewPosition[1]-robotPosition[1])*100)*math.cos(n)-((robotNewPosition[0]-
robotPosition[0])*100)*math.sin(n)
    currentPosition[2]=(robotNewPosition[2]-robotPosition[2])*57.32
    x.append(currentPosition[0])
    y.append(currentPosition[1])
    i = i + 1
    #获取图像并进行处理
    naoImage = self.camProxy.getImageRemote(nameId)
    imageWidth = naoImage[0]
    imageHeight = naoImage[1]
    array = naoImage[6]
    im = Image.fromstring("RGB", (imageWidth, imageHeight), array)
    frame = np.asarray(im)
    hsv = cv2.cvtColor(frame,cv2.COLOR_BGR2HSV)
    lowera = np.array([0, 0, 221])
```

```
uppera = np.array([180, 30, 255])
mask1 = cv2.inRange(hsv, lowera, uppera)
kernel = np.ones((3,3),np.uint8)
mask = cv2.morphologyEx(mask1, cv2.MORPH_CLOSE, kernel)
mask = cv2.morphologyEx(mask, cv2.MORPH_OPEN, kernel)
#霍夫变换检测赛道两边的白线
newlines = cv2.HoughLines(mask,1,np.pi/180.0,80)
if newlines == None:
    print "NO LINE"
    newlines1=[[0,0]]
else:
    newlines1 = newlines[:,0,:]
    #将检测到的直线标记到图像上
    for rho,theta in newlines1[:]:
        a = np.cos(theta)
        b = np.sin(theta)
        x0 = a*rho
        y0 = b*rho
        x1 = int(x0 + 1000*(-b))
        y1 = int(y0 + 1000*(a))
        x2 = int(x0 - 1000*(-b))
        y2 = int(y0 - 1000*(a))
        cv2.line(frame,(x1,y1),(x2,y2),(0,0,255),2)
#将检测到的直线存入 single_line_value 中
single_line_value = newlines1[0]
if single_line_value[0] != 0:
    if single_line_value[1] <= 1.04:
        #当直线小于 60°时，机器人左偏，向右转向
        self.motionProxy.move(0.3,0,-0.2,moveConfig)
    elif single_line_value[1] >= 2.09:
        #当直线大于 120°时，机器人右偏，向左转向
        self.motionProxy.move(0.3,0,0.2,moveConfig)
    else:
        #机器人接近终点时，看到终点处的白线
        if single_line_value[1] <= 1.57 and single_line_value[1] > 1.04:
        #左转
        self.motionProxy.move(0.3,0,0.2,moveConfig)
        if single_line_value[1] <= 2.09 and single_line_value[1] > 1.57:
        #右转
        self.motionProxy.move(0.3,0,-0.2,moveConfig)
else:
    #机器人看不到白线，即到达或非常接近终点
    if currentPosition[0] <= 310:
        #若距离不足，减速
        self.motionProxy.move(0.1,0.0,0.0,moveConfig)
```

```
        else:
            #在到达终点后停止
            self.motionProxy.move(0.0,0.0,0.0,moveConfig)
            self.motionProxy.rest()
            break
    self.camProxy.unsubscribe(nameId)
    self.onStopped()

def onInput_onStop(self):
    self.onUnload()
    self.onStopped()
```

以下是部分代码解析：

（1）self.motionProxy.setAngles('HeadPitch'，10*math.pi/180.0,0.8)：设置关节。第一个参数用于设置关节名称，比如头部；第二个参数用于设置关节角，单位为 rad；第三个参数是指关节角旋转所需的时间，单位为 s。

（2）self.camProxy.getImageRemote(nameId)：从视频源检索最新图像，对图像应用最终转换以提供视觉模块请求的格式，从而获取图像。

第二棒机器人指令盒如图 5.94 所示。其中，MoveI 指令盒与第一棒机器人的 MoveI 指令盒相同。Walk 指令盒用于第二棒机器人转身 90° 检测第一棒机器人是否踩线，并转向至正对赛道。

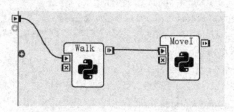

图 5.94　第二棒机器人指令盒

Walk 指令盒代码如下：

```
import cv2
import numpy as np
import math
from PIL import Image
import vision_definitions
import time

class MyClass(GeneratedClass):
    def _init_(self):
        GeneratedClass._init_(self)
        #代理机器人的各种接口
        self.motionProxy = ALProxy("ALMotion")
        self.postureProxy = ALProxy("ALRobotPosture")
```

```python
        self.camProxy = ALProxy("ALVideoDevice")

def onLoad(self):
    #此处放置初始化代码
    pass

def onUnload(self):
    #此处放置清理代码
    pass

def onInput_onStart(self):
    i = 0
    #设置机器人的步态
    maxstepx = 0.04
    maxstepy = 0.14
    maxsteptheta = 0.4
    maxstepfrequency = 0.5
    stepheight = 0.02
    torsowx = 0.0
    torsowy = 0.0
    moveConfig = [["MaxStepX",maxstepx],
                  ["MaxStepY",maxstepy],
                  ["MaxStepTheta",maxsteptheta],
                  ["MaxStepFrequency",maxstepfrequency],
                  ["StepHeight",stepheight],
                  ["TorsoWx",torsowx],
                  ["TorsoWy",torsowy]]
#初始化机器人姿态
self.postureProxy.goToPosture("StandInit", 0.5)
self.motionProxy.moveInit()
#设置机器人头部角度，调节相机的位置
self.motionProxy.setAngles('HeadPitch', 0.0, 0.8)
#使用下摄像头
self.camProxy.setActiveCamera(1)
#订阅摄像头拍摄图片这一事件，设置颜色空间参数及其他参数
resolution = vision_definitions.kQVGA
colorSpace = vision_definitions.kBGRColorSpace
fps = 30
nameId = self.camProxy.subscribe("python_GVM", resolution, colorSpace, fps)
self.camProxy.setCamerasParameter(nameId,22,2)
while True:
    i = i + 1
    #获取图像并进行处理
    naoImage = self.camProxy.getImageRemote(nameId)
    imageWidth = naoImage[0]
```

```
        imageHeight = naoImage[1]
        array = naoImage[6]
        im = Image.fromstring("RGB", (imageWidth, imageHeight), array)
        frame = np.asarray(im)
        hsv = cv2.cvtColor(frame,cv2.COLOR_BGR2HSV)
        lowera = np.array([0, 0, 221])
        uppera = np.array([180, 30, 255])
        mask1 = cv2.inRange(hsv, lowera, uppera)
        kernel = np.ones((3,3),np.uint8)
        mask = cv2.morphologyEx(mask1, cv2.MORPH_CLOSE, kernel)
        mask = cv2.morphologyEx(mask, cv2.MORPH_OPEN, kernel)
        #霍夫变换检测赛道两边的白线
        newlines = cv2.HoughLines(mask,1,np.pi/180.0,80)
        if newlines == None:
            print "NO LINE"
            newlines1=[[0,0]]
        else:
            newlines1 = newlines[:,0,:]
            #将检测到的直线标记到图像上
            for rho,theta in newlines1[:]:
                a = np.cos(theta)
                b = np.sin(theta)
                x0 = a*rho
                y0 = b*rho
                x1 = int(x0 + 1000*(-b))
                y1 = int(y0 + 1000*(a))
                x2 = int(x0 - 1000*(-b))
                y2 = int(y0 - 1000*(a))
                cv2.line(frame,(x1,y1),(x2,y2),(0,0,255),2)
        #将检测到的直线存入 single_line_value 中
        single_line_value = newlines1[0]
        if single_line_value[0] != 0:
            #检测到白线
            self.motionProxy.moveTo(0.0,0.0,0.0,moveConfig)
        else:
            #检测到被压线，机器人转身 90°，朝向赛道
            self.motionProxy.moveTo(0.0,0.0,math.pi/2,moveConfig)
            self.motionProxy.moveTo(0.2,0.0,0.0,moveConfig)
            break
    self.camProxy.unsubscribe(nameId)
    self.onStopped()

def onInput_onStop(self):
    self.onUnload()
    self.onStopped()
```

5.3.2　NAO 机器人高尔夫赛

1．规则简介

使用机器人将球击入球洞中，比赛地图如图 5.95 所示。

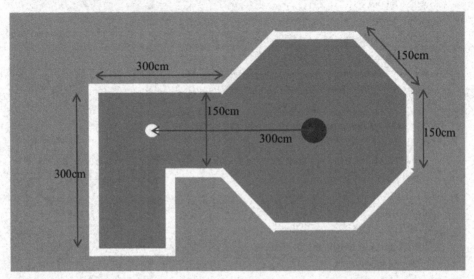

图 5.95　比赛地图

白色圆点为球的起始位置，距离起点右边 300cm 处的圆圈为球洞。在开始时机器人离白色圆点至少 50cm。各工具参数如下：

球：标准高尔夫球尺寸。参赛者可以根据需要选定球的颜色，直径不大于 5cm。

球杆：高度为 40～50cm。比赛时，机器人需要手握球杆行走，参赛队须考虑其走的平衡性。

球洞：直径为 18cm，深 5cm；球洞内部为蓝色；球洞中央竖置一个直行为 5cm 的杆，杆体为黄色，杆顶是一个边长为 15cm、四面都贴有不同 NAOMark 标记的正方体，便于参赛队搜索和定位球洞。

2．关键点解析

1）机器人识别球和球洞

机器人的 API 中自带红球识别及 NAOMark 识别。但是机器人在离球洞太远时可能看不到 mark 标记，在距离较远时可自己实现黄杆识别。

2）机器人持杆击球、行走

使用 TimeLine 将一系列动作集成封装，需要录制对应时刻机器人各关节角度，保证机器人在击球的过程中不会滑杆。

3）机器人在球的旁边瞄准目标击球

在远距离时将球往球洞方向打，在近距离之后，可以通过 API 得到球和球洞的相对位置，包括方向、距离等。根据正余弦定理，计算机器人击球点的位置和朝向，然后执行击球动作。

3．解决方案及代码讲解

高尔夫程序指令盒如图 5.96 所示。

init 指令盒用于机器人初始化，里面是一系列的时间轴动作。在 init 指令盒执行完之后机器人的手将打开，此时可以将球杆放在它的手中。在将球杆放在机器人手中时，触摸机器人头部前额的传感器，执行 huigan(1)指令盒中的程序。huigan(1)指令盒中也是时间轴动作，该指令盒使机器人握紧球杆，进入比赛模式的初始状态。当 huigan(1)指令盒执行完后，参赛者可以放开球杆，远离机器人。zhaoqiu 和 Python Script 指令盒是两个 Python 语言指令盒，用于机器人找球、球洞及机器人行走。hitball 和 back 指令盒是两个时间轴指令盒，用于机器人挥杆击球及收杆。

单击如图 5.96 所示的软件主界面左上角的加号符号，编辑 ALMemory，设置触摸头部前额传感器，使机器人握紧球杆并执行初始化。设置检测头部前额传感器如图 5.97 所示。

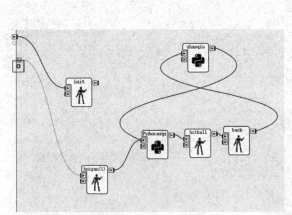

图 5.96　高尔夫程序指令盒

图 5.97　设置检测头部前额传感器

zhaoqiu 指令盒代码如下：

```python
import math
import time
class MyClass(GeneratedClass):
    def _init_(self):
        GeneratedClass._init_(self)
        #代理机器人的各种接口
        self.motion = ALProxy("ALMotion")
```

```python
        self.memory = ALProxy("ALMemory")
        self.redball = ALProxy("ALRedBallDetection")
        self.tts = ALProxy("ALTextToSpeech")
        self.posture = ALProxy("ALRobotPosture")
        self.camera = ALProxy("ALVideoDevice")

    def onLoad(self):
        #此处放置初始化代码
        pass

    def onUnload(self):
        #此处放置清理代码
        pass

def onInput_onStart(self):
    #设置步态参数
    maxstepx = 0.04
    maxstepy = 0.14
    maxsteptheta = 0.4
    maxstepfrequency = 0.6
    stepheight = 0.02
    torsowx = 0.0
    torsowy = 0.0
    moveConfig =    [["MaxStepX",maxstepx],
            ["MaxStepY",maxstepy],
            ["MaxStepTheta",maxsteptheta],
            ["MaxStepFrequency",maxstepfrequency],
            ["StepHeight",stepheight],
            ["TorsoWx",torsowx],
            ["TorsoWy",torsowy]]
    #订阅识别红球的事件
    memvalue2 = "redBallDetected"
    period = 1000
    self.redball.subscribe("Redball",period,0.0)
    #使用下摄像头
    self.camera.setActiveCamera(1)
    self.tts.say("finding")
    time.sleep(3.0)
    #从 memory 中获取识别到的红球信息
    val = self.memory.getData(memvalue2)
    self.tts.say("Ihaveseenit!")
    #计算红球和相机的竖直水平角度
    ballinfo = val[1]
    thetah = ballinfo[0]
    thetav = ballinfo[1]+(39.7*math.pi/180.0)
```

```
#设置头部电机位置
effectornamelist = ["HeadYaw"]
timelist = [0.5]
targetlist = [45*math.pi/180.0]
#机器人头部向左转动 45°，寻找 3 次红球
self.motion.angleInterpolation(effectornamelist,targetlist,timelist,False)
time.sleep(3.0)
for j in range(0,3):
    val1 = self.memory.getData(memvalue2)
    self.tts.say("Ihaveseen!")
    ballinfo1 = val1[1]
    thetah1 = ballinfo1[0]
    thetav1 = ballinfo1[1]+(39.7*math.pi/180.0)
#判断当前的球的信息和之前检测的球的信息是否相同
#由于没有找到球，memory 中的数值不会更新
#若当前的球的信息和之前检测的球的信息相同，则前方和左方都没有球
if thetah1 == thetah or thetav1 == thetav:
    self.tts.say("I haven'tseen")
    self.tts.say("right")
    #机器人头部向右转动 90°（相对于最开始向右旋转了 45°），寻找 3 次红球
    targetlist = [-90*math.pi/180.0]
    self.motion.angleInterpolation(effectornamelist,targetlist,timelist,False)
    for j in range(0,3):
        val = self.memory.getData(memvalue2)
        self.tts.say("I have seen!")
        ballinfo = val[1]
        thetah = ballinfo[0]
        theta = thetah - math.pi/4
    #机器人固定手部，移动整个身躯，机器人面向球，同时修正机器人头部和身躯的夹角
    self.motion.setMoveArmsEnabled(False, False)
    self.motion.moveTo(0.0,0.0,theta, moveConfig)
else:
    #机器人右转 45°
    targetlist = [-45*math.pi/180.0]
    self.motion.angleInterpolation(effectornamelist,targetlist,timelist,False)
    #机器人获取球的信息
    val2 = self.memory.getData(memvalue2)
    ballinfo2 = val2[1]
    thetah2 = ballinfo2[0]
    thetav2 = ballinfo2[1]+(39.7*math.pi/180.0)
    #判断此次的球的信息和之前正对着前方的球的信息是否接近，若接近，则表示球在前方
    if thetah2 - thetah < 0.001  or thetav2 - thetav < 0.001:
    self.tts.say("Front")
    #获取球的信息
    for j in range(0,3):
```

```
            val = self.memory.getData(memvalue2)
            ballinfo = val[1]
            thetah = ballinfo[0]
            theta = thetah
        #机器人对准球
        self.motion.setMoveArmsEnabled(False, False)
        self.motion.moveTo(0.0,0.0,theta, moveConfig)
        #若不成立，则表示球在机器人的左方
    else:
        #球在左方，获取球的位置，机器人对准球
        self.tts.say("Left")
        val = self.memory.getData(memvalue2)
        self.tts.say("Ihaveseen")
        ballinfo = val[1]
        thetah = ballinfo[0]
        theta = thetah + math.pi/4
        self.motion.setMoveArmsEnabled(False, False)
        self.motion.moveTo(0.0,0.0,theta, moveConfig)
    self.onStopped()
    pass

def onInput_onStop(self):
    self.onUnload()
    self.onStopped()
```

该代码思路如下：首先，机器人对正前方的红球信息（不管前方是否有球，信息都非空）进行采集，而后将头向左转 45°再采集一次。若两次的信息相同，说明机器人的前方和左方都没有球，则球必定在机器人的右方；若两次的信息不同，则机器人会转回正前方再采集一次，并同第一次在正前方采集的数据进行比较。若两次的信息相同，则球在机器人的正前方，否则在左方。在判定后，机器人会转到球所在的相应方位。

Python Script 指令盒代码如下：

```
import math
import time
import sys
import Image
class MyClass(GeneratedClass):
    def __init__(self):
        GeneratedClass.__init__(self)
        #代理机器人的各种接口
        self.memory = ALProxy("ALMemory")
        self.redball = ALProxy("ALRedBallDetection")
        self.landmark = ALProxy("ALLandMarkDetection")
        self.tts = ALProxy("ALTextToSpeech")
        self.motion = ALProxy("ALMotion")
```

```python
        self.posture = ALProxy("ALRobotPosture")
        self.camera = ALProxy("ALVideoDevice")

    def onLoad(self):
        #此处放置初始化代码
        pass

    def onUnload(self):
        #此处放置清理代码
        pass

    def onInput_onStart(self):
        #唤醒机器人
        self.motion.wakeUp()
        rnumber = 1
        #使用机器人的下摄像头
        self.camera.setActiveCamera(1)
        #设置机器人的行走参数, 重点对 maxstepfrequency 和 stepheight 进行调整
        #建议多设置几个 moveConfig, 用于不同情况下的步态
        maxstepx = 0.04
        maxstepy = 0.14
        maxsteptheta = 0.4
        maxstepfrequency = 0.6
        stepheight = 0.02
        torsowx = 0.0
        torsowy = 0.0
        moveConfig1 = [["MaxStepX",maxstepx],
                        ["MaxStepY",maxstepy],
                        ["MaxStepTheta",maxsteptheta],
                        ["MaxStepFrequency",maxstepfrequency],
                        ["StepHeight",stepheight],
                        ["TorsoWx",torsowx],
                        ["TorsoWy",torsowy]]
        moveConfig2 = [["MaxStepX",maxstepx],
                        ["MaxStepY",maxstepy],
                        ["MaxStepTheta",maxsteptheta],
                        ["MaxStepFrequency",0.2],
                        ["StepHeight",stepheight],
                        ["TorsoWx",torsowx],
                        ["TorsoWy",torsowy]]

        self.motion.setMoveArmsEnabled(False, False)


        isenabled = True
```

```
#订阅红球识别的事件
memvalue = "redBallDetected"
period = 100
self.redball.subscribe("Redball",period,0.0)
#循环 5 次，直到找到球并获取信息
for i in range(0,5):
    time.sleep(1.5)
    val = self.memory.getData(memvalue)
    #在看到球之后,获取球的水平偏角、垂直偏角
    if (val and isinstance(val,list) and len(val) >= 2):
        self.tts.say("I have seen!")
        ballinfo = val[1]
        thetah = ballinfo[0]
        thetav = ballinfo[1]+(39.7*math.pi/180.0)
        break
#若找不到球，则游戏结束
if (val and isinstance(val, list) and len(val) >= 2):
    self.tts.say("got")
else:
    self.tts.say("Game Over")
    return


h = 0.478 #相机离地的高度
isenabled = False
x = 0.0
y = 0.0
theta = thetah
#第一次，机器人转到正对球的方向
self.motion.setMoveArmsEnabled(False, False)
self.motion.moveTo(x,y,theta,moveConfig1)
time.sleep(0.5)
#计算球与机器人的距离，因为机器人面对球，只需要 x 值
val = self.memory.getData(memvalue)
ballinfo = val[1]
thetah = ballinfo[0]
thetav = ballinfo[1]+(39.7*math.pi/180.0)
x = h/(math.tan(thetav)) - 0.2    #0.2 为 20cm
y = 0.0
theta = 0.0
#第二次，机器人走到距离球 20cm 的位置
self.motion.setMoveArmsEnabled(False, False)
self.motion.moveTo(x,y,theta,moveConfig2)



#改变头部俯仰角电机角度，重新定位球，身体正对球
```

```
self.motion.waitUntilMoveIsFinished()
effectornamelist = ["HeadPitch"]
timelist = [1.5]
targetlist = [30*math.pi/180.0]
self.motion.angleInterpolation(effectornamelist,targetlist,timelist,isenabled)
val = self.memory.getData(memvalue)
ballinfo = val[1]
thetah = ballinfo[0]
thetav = ballinfo[1]+(69.7*math.pi/180.0)
x = 0.0
y = 0.0
theta = thetah
#第三次，机器人再次对准球,进行修正
self.motion.setMoveArmsEnabled(False, False)
self.motion.moveTo(x,y,theta,moveConfig1)


time.sleep(1.5)
val = self.memory.getData(memvalue)
ballinfo = val[1]
thetah = ballinfo[0]
thetav = ballinfo[1]+(69.7*math.pi/180.0)
x = (h-0.1)/(math.tan(thetav)) - 0.1
y = 0.0
theta = 0.0
#第四次，机器人走到距离球 10cm 的位置
self.motion.setMoveArmsEnabled(False, False)
self.motion.moveTo(x,y,theta,moveConfig1)


stepheight = 0.02
maxstepfrequency = 0.6
val = self.memory.getData(memvalue)
ballinfo = val[1]
thetah = ballinfo[0]
thetav = ballinfo[1]+(69.7*math.pi/180.0)
dx = (h-0.1)/(math.tan(thetav))
x = 0.0
y = 0.0
theta = thetah
self.motion.setMoveArmsEnabled(False, False)
self.motion.moveTo(x,y,theta,moveConfig1)
#第五次，对球进行最终定位
val = self.memory.getData(memvalue)
ballinfo = val[1]
```

```
thetah = ballinfo[0]
thetav = ballinfo[1]+(69.7*math.pi/180.0)
dx = (h-0.1)/(math.tan(thetav))

#使用上摄像头，改变头部俯仰角，订阅识别 NAOMark 事件
self.camera.setActiveCamera(0)
memvalue1 = "LandmarkDetected"
period = 100
self.landmark.subscribe("Test_LandMark",period,0.0)
effectornamelist = ["HeadPitch"]
timelist = [0.5]
targetlist = [0.0]
self.motion.angleInterpolation(effectornamelist,targetlist,timelist,True)

#在机器人正前方识别并判断是否有球洞标记，并获取球洞的位置信息
#若 mark 不在前方，则机器人会左右摆头寻找 mark,直到找到为止
for i in range(0,2):
    time.sleep(1.5)
    val = self.memory.getData(memvalue1)
    if (val and isinstance(val,list) and len(val) >= 2):
        self.tts.say("I have seen!")
        markinfo = val[1]
        shapeinfo = markinfo[0]
        rshapeinfo = shapeinfo[0]
        markid = shapeinfo[1]
        alpha = rshapeinfo[1]
        beta = rshapeinfo[2]
        sizex = rshapeinfo[3]
        sizey = rshapeinfo[4]
        heading = rshapeinfo[5]
        panduan = 0
        break
    else:
        #若未识别到，则机器人左转向，寻找球洞
        effectornamelist = ["HeadYaw"]
        timelist = [0.5]
        targetlist = [math.pi/4]
        self.motion.angleInterpolation(effectornamelist,targetlist,timelist,isenabled)
        time.sleep(3.5)
        val = self.memory.getData(memvalue1)
        if (val and isinstance(val,list) and len(val) >= 2):
            self.tts.say("I have seen!")
            markinfo = val[1]
            shapeinfo = markinfo[0]
            rshapeinfo = shapeinfo[0]
```

```
                        markid = shapeinfo[1]
                        alpha = rshapeinfo[1]
                        beta = rshapeinfo[2]
                        sizex = rshapeinfo[3]
                        sizey = rshapeinfo[4]
                        heading = rshapeinfo[5]
                        panduan = 1
                        break
                else:
                        #若未识别到，则机器人右转向，寻找球洞
                        effectornamelist = ["HeadYaw"]
                        timelist = [1.5]
                        targetlist = [-math.pi/4]
                        self.motion.angleInterpolation(effectornamelist,targetlist,timelist,True)
                        time.sleep(3.5)
                        val = self.memory.getData(memvalue1)
                        if (val and isinstance(val,list) and len(val) >= 2):
                                self.tts.say("I have seen!")
                                markinfo = val[1]
                                shapeinfo = markinfo[0]
                                rshapeinfo = shapeinfo[0]
                                markid = shapeinfo[1]
                                alpha = rshapeinfo[1]
                                beta = rshapeinfo[2]
                                sizex = rshapeinfo[3]
                                sizey = rshapeinfo[4]
                                heading = rshapeinfo[5]
                                panduan = 2
                                break
                        else:
                                #继续转向，寻找球洞
                                effectornamelist = ["HeadYaw"]
                                timelist = [1.5]
                                targetlist = [0.0]

self.motion.angleInterpolation(effectornamelist,targetlist,timelist,True)
                                time.sleep(3.5)
                                panduan = 0
                                continue

        if(val and isinstance(val,list) and len(val) >= 2):
                self.tts.say("got")
        else:
                #若找不到，则游戏结束
                self.tts.say("Game over")
```

```
        return

#mark 的半径在赛场上应该改为 0.12
r = 0.106/2
#mark 与机器人摄像头的高度差在赛场上应该改为 0
h = 0.105


#将机器人的头对准 mark
effectornamelist = ["HeadYaw"]
timelist = [0.5]
targetlist = [alpha]
self.motion.angleInterpolation(effectornamelist,targetlist,timelist,isenabled)
#利用等比例法测出机器人到 mark 的距离 d1
time.sleep(1.5)
val1 = self.memory.getData(memvalue1)
markinfo1 = val1[1]
shapeinfo1 = markinfo1[0]
rshapeinfo1 = shapeinfo1[0]
k = 0.0913
size = rshapeinfo1[4]
d1 = k/size


#根据机器人获取的球的位置信息、mark 的位置信息，以及自己的位置
#利用正余弦定理计算其他需要的信息
if panduan ==1:
      alpha += math.pi/4
elif panduan ==2:
      alpha -= math.pi/4
else:
      alpha = alpha


theta3 = abs(thetah - alpha)    #机器人与球、mark 之间的角度绝对值
dball = dx                      #机器人与球之间的距离
dmark = d1                      #机器人与 mark 之间的距离
dbm2 = dx*dx + d1*d1 -2*dx*d1*math.cos(theta3)
dbm = math.sqrt(dbm2)           #球与 mark 之间的距离
ctheta4 = (dball*dball + dbm2 - dmark*dmark)/(2*dball*dbm)
theta4 = math.acos(ctheta4)   #球与 mark、机器人之间夹角的角度
if thetah - alpha >= 0:           #如果红球的相对位置在 mark 右边
    if theta4 >= math.pi/2:
            theta = theta4 - math.pi/2
            x = dball*math.sin(theta4)
            y = dball*math.cos(theta4)
            y -= 0.1
    elif theta4 < math.pi/2:
```

```
                    theta = math.pi/2 - theta4
                    x = dball*math.sin(theta4)
                    y = dball*math.cos(theta4)
                    y -= 0.1
        elif theta4 >= math.pi/2:
                    theta = 3*math.pi/2 - theta4
                    x = -dball*math.sin(theta4)
                    y = dball*math.cos(theta4)
                    y -= 0.1
        else:
                    theta = -math.pi/2 - theta4
                    x = -dball*math.sin(theta4)
                    y = dball*math.cos(theta4)
                    y -= 0.1

        #将计算得到的机器人需要移动的位置进行分解，机器人每次移动一小部分，减小误差
        if abs(theta) > 3*math.pi/4:
                    self.tts.say("angle bigger than 130")
                    if theta >= 0:
                            thetaz1 = theta - math.pi/2
                            self.motion.setMoveArmsEnabled(False, False)
                            self.motion.moveTo(0.0,0.0,math.pi/2,moveConfig1)
                            self.motion.setMoveArmsEnabled(False, False)
                            self.motion.moveTo(0.0,0.0,thetaz1,moveConfig1)
                    else:
                            thetaz1 = theta + math.pi/2
                            self.motion.setMoveArmsEnabled(False, False)
                            self.motion.moveTo(0.0,0.0,-math.pi/2,moveConfig1)
                            self.motion.setMoveArmsEnabled(False, False)
                            self.motion.moveTo(0.0,0.0,thetaz1,moveConfig1)
        #为减小误差，当机器人转向的角度大于 130°时，将分成两段转向
        else:
                    self.tts.say("less than 130")
                    self.motion.setMoveArmsEnabled(False, False)
                    self.motion.moveTo(0.0,0.0,theta,moveConfig1)

        time.sleep(1.0)
        #修正阈值，在赛场上需要根据实际情况调整，确保球杆击球方向、球和球洞三点共线
        x-= 0.09
        y-= 0.06
        self.motion.moveTo(x,0.0,0.0,moveConfig1)
        self.motion.setMoveArmsEnabled(False, False)
        self.motion.moveTo(0.0,y,0.0,moveConfig1)
        self.onStopped()
```

```
def onInput_onStop(self):
    self.onUnload()
    self.onStopped()
```

　　机器人的位置估计及机器人的运动会有较大的误差，因此该代码采用微分的思想，将一段运动拆解成多个小部分，从而控制机器人更精准地运动。

附录 A　NAOMark

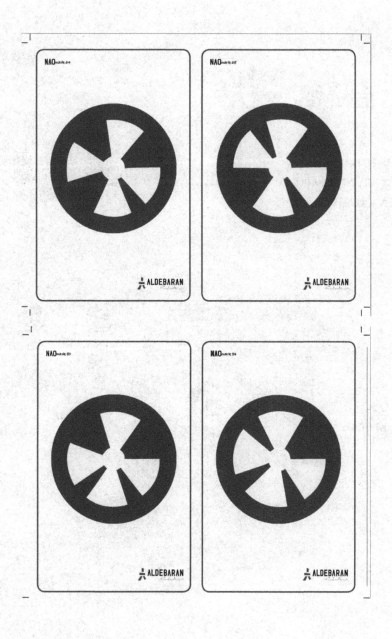

附录 B PAPER TOY

提示：
- ‑‑‑‑‑‑ 折叠
- 胶水
- A A 粘在一起

1 打印这张纸
2 创造你的纸质机器人
3 创建场景
4 说"茄子"，然后拍照

PAPER TOY

JING TIAN

—— 手臂 ——

粘在一起

粘在一起

—— 身体 ——

A

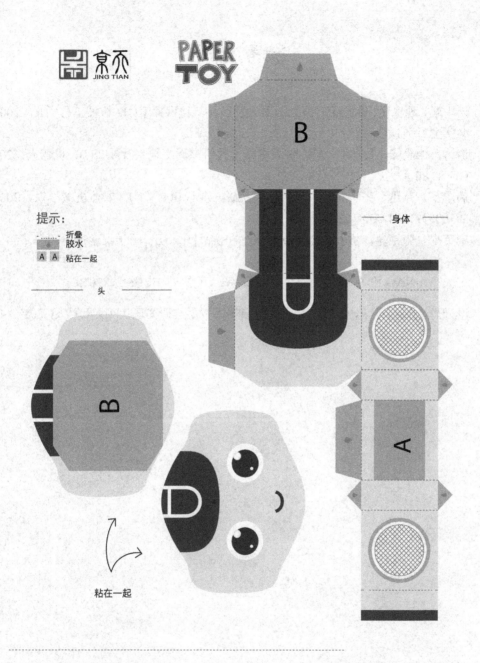

京天 JING TIAN

PAPER TOY

B

身体

提示：
折叠
胶水
A A 粘在一起

头

B

A

B

粘在一起

参考文献

[1] 于秀丽，魏世民，廖启征. 仿人机器人发展及其技术探索[J]. 机械工程学报，2009，45（03）：71-75.

[2] 谢涛，徐建峰，张永学，等. 仿人机器人的研究历史现状及展望[J]. 机器人，2002（04）：80-87.

[3] 满翠华，范迅，张华，等. 类人机器人研究现状和展望[J]. 农业机械学报，2006，37（09）：204-207，210.

[4] 刘英卓，张艳萍. 仿人机器人发展状况和挑战[J]. 辽宁工学院学报，2003（04）：1-5.

[5] 王大东. NAO 机器人程序设计[M]. 北京：清华大学出版社，2019.

[6] 颜云辉，徐靖，陆志国，等. 仿人服务机器人发展与研究现状[J]. 机器人，2017（4）.